T0185469

Fachwissen Logistik

Reihe herausgegeben von

Kai Furmans, Karlsruher Institut für Technologie, Karlsruhe, Deutschland

Christoph Kilger, Ernst & Young GmbH Wirtschaftsprüfu, Saarbrücken, Deutschland

Horst Tempelmeier, FB Produktionswirtschaft, Universität Köln FB Produktionswirtschaft, Köln, Deutschland

Michael ten Hompel, Fraunhofer-Institut für Materialflu, Dortmund, Deutschland

Thorsten Schmidt, Inst. Technische Logistik und Arbei, Technische Universität Dresden Inst. Technische Logistik und Arbei, Dresden, Deutschland

Michael ten Hompel

Hrsg.

IT und autonome Systeme in der Logistik

 Springer Vieweg

Hrsg.
Michael ten Hompel
Fraunhofer-Institut für Materialfluss und Logistik
Dortmund, Deutschland

ISSN 2946-0190   ISSN 2946-0204 (electronic)
Fachwissen Logistik
ISBN 978-3-662-66938-9   ISBN 978-3-662-66939-6 (eBook)
https://doi.org/10.1007/978-3-662-66939-6

Die Deutsche Nationalbibliothek verzeichnet diese Publikation in der Deutschen Nationalbibliografie; detaillierte bibliografische Daten sind im Internet über http://dnb.d-nb.de abrufbar.

Planung/Lektorat: Axel Garbers
Springer Vieweg ist ein Imprint der eingetragenen Gesellschaft Springer-Verlag GmbH, DE und ist ein Teil von Springer Nature.
Die Anschrift der Gesellschaft ist: Heidelberger Platz 3, 14197 Berlin, Germany

Inhaltsverzeichnis

Identifikation und Datenerfassung

1

Christopher Reining, Christoph Pott und Hülya Bas

1.1 Einführung

1.1.1 Begriffsdefinitionen

Die Datenwelt unterliegt einem grundlegenden Wandel. Daten spielen in der heutigen Gesellschaft eine immer größere Rolle. Nahezu in jedem Lebensbereich werden Daten in unterschiedlichsten Formen erzeugt, erfasst und analysiert. Dies gilt in besonderem Maße für die Unternehmenswelt und erfordert die Vernetzung von Geschäftseinheiten, Prozessen und Informationssystemen zur Erhöhung der Ablauftransparenz, zur Verbesserung der Kommunikation, zur Unterstützung von Entscheidungsfindungen und schließlich zur Stärkung der Wettbewerbsfähigkeit. Die Grundlage einer datengestützten modernen Logistik bilden Technologien zur **automatischen Identifikation (Auto-ID)** und zur **Datenerfassung** [1].

Der Begriff **Identifizieren** wird laut DIN 6763 wie folgt definiert: „Identifizieren ist das eindeutige und unverwechselbare Erkennen eines Gegenstandes oder eines Lebewesens anhand von Merkmalen […] mit der für den jeweiligen Zweck festgelegten Genauigkeit" [2]. Die Identifikationsmerkmale werden je nach Anwendungsfall bestimmt. Beispiele für Identifikationsmerkmale sind Eigenschaften wie Farbe, Gewicht, Werkstoffe, Höhe, Breite, o. Ä. Diese Merkmale ermöglichen eine Klassifikation und Sortierung

C. Reining (✉) · C. Pott
Technische Universität Dortmund, Dortmund, Deutschland
E-Mail: christopher.reining@tu-dortmund.de; christoph.pott@tu-dortmund.de

H. Bas
Technische Universität Dortmund, Krefeld, Deutschland
E-Mail: huelya.bas@tu-dortmund.de

von Objekten. Dabei kann die Klassifikation durch einzelne oder durch die Kombination mehrerer Identifikationsmerkmale erfolgen.

Die **Datenerfassung** ist folglich das Messen und Aufnehmen der durch die Identifikation erhaltenen Daten und das anschließende Festhalten dieser in einem IT-System. Zusätzlich können Informationen wie ein Zeitstempel (Zeitpunkt der Datenerfassung), Ortsangaben o. Ä. dem Datensatz hinzugefügt werden. Alle einem Objekt zugehörigen Daten werden in einem Datensatz gespeichert, der sich wiederum in der Datenbank des IT-Systems befindet. Die Datenbank verwaltet alle Objekte und ihre Daten einer Unternehmung.

Die Auto-ID setzt sich aus den Begriffen **Automatisierung** und **Identifizierung** zusammen. Dabei ist Automatisieren von Mechanisieren abzugrenzen: Unter Mechanisieren wird die Realisierung von manuellen Tätigkeiten durch Konstruktionen und Verfahren verstanden. Hier werden körperliche Tätigkeiten durch maschinelle Tätigkeiten ersetzt. Automatisierung hingegen realisiert die selbsttätige Steuerung von mechanisierten Teilprozessen durch Technologie. Dabei werden geistige Tätigkeiten einem technischen Gerät übertragen und mechanisierte Operationen nach vorgegebenen Programmen gesteuert.

Die Auto-ID realisiert „das Erkennen" der Identifikationsmerkmale mit technischen Hilfsmitteln. Je nach Kontext und Anwendungsfall werden die passenden technischen Hilfsmittel ausgewählt und eingesetzt. Bei der Auswahl sind in der Regel die folgenden Anforderungen von Bedeutung:

- Lesesicherheit
- Lesegeschwindigkeit
- Kompatibilität und Standards
- variable Einsetzbarkeit bezüglich Leseabstand und Umgebungsbedingungen
- Kosteneffizienz

In den Anfängen der elektronischen Informationsverarbeitung wurden Daten ausschließlich von Menschen mittels Eingabe über die Tastatur erfasst. Später kam das Scannen optischer Identifikationsträger (kurz: Identträger) hinzu. Die zunehmende Digitalisierung im Rahmen immer höher werdender Leistungsanforderungen an die Logistik zeigt jedoch, dass die manuelle Datenerfassung den heutigen Anforderungen nicht mehr gerecht wird. Sie ist häufig langsam, kostspielig und fehleranfällig. Aus diesem Grund gewinnen Auto-ID-Technologien in der Literatur und der Praxis immer mehr an Bedeutung. Die folgenden Kapitel klassifizieren die Auto-ID-Technologien und erläutern einige Verfahren, die in der Praxis angewendet werden [1, 3, 4].

1.1.2 Betrachtung im logistischen Kontext

Wie bereits erwähnt, ist die manuelle Erfassung und Identifikation in einem digitalisierten Unternehmen nicht mehr zeitgemäß und erfüllt die Anforderungen unzureichend. Zeit und

Kosten müssen gesenkt werden, während die Leistung gleichzeitig gesteigert werden soll. Der Informationsaustausch erfolgt zusätzlich bestmöglich in Echtzeit. Daher werden Auto-ID-Technologien wie Barcode und RFID im industriellen Kontext häufig für eine bessere Überwachung und somit zur besseren Planbarkeit der Produktions- und Logistiksysteme eingesetzt. Dabei können diese Technologien entlang der gesamten Logistikkette zur Verbesserung der Kommunikation und der Transparenz eingesetzt werden. Im B2C-Geschäft ist selbst der Kunde mithilfe von Auto-ID-Technologien in die Logistikkette integriert. Nicht selten weiß er zu jedem Zeitpunkt, in welchem Bearbeitungsschritt sich seine Bestellung aktuell befindet. Durch diese lückenlose Verfolgung wird den Beteiligten nicht nur die Zusammenarbeit erleichtert, sondern auch das Optimierungspotenzial der Logistikkette gesteigert, indem Probleme schnell und ortsgenau entdeckt werden können [4].

Im Bereich der Lagerlogistik können die Daten mithilfe von tragbaren Handgeräten oder von an Gabelstaplern montierten Geräten erfasst werden. Diese Art der Datenerfassung wird als mobile Datenerfassung bezeichnet. Sie empfängt Daten vom Backend-System und liefert Ergebnisdaten. Dabei werden relevante Lagerprozesse (Wareneingang, lagerinterne Bewegungen etc.) durch die Hinzunahme von mobilen Endgeräten, durch die starke Reduktion von papierbasiertem Informationsaustausch und durch die Zeitersparnis unterstützt. Mitarbeiter wissen auf welchen Lagerplätzen sich welche Objekte befinden, und können Einlagerung sowie Entnahme direkt an das System übermitteln. Die Identifizierung wird innerhalb von Sekunden durchgeführt und die Daten werden direkt im IT-System zur Verfügung gestellt. Somit kann auch hier Planung, Kontrolle und Steuerung genauestens verfolgt und optimiert werden [1, 5].

Automatisierungs- und Identifikationstechniken finden sich auch bei Fördersystemen (Rollenbahnen, Elektro-Hängebahnen und Fahrerlose Transportfahrzeuge) und Lagersystemen (Kommissionier-, Sortier- und Verteilsysteme). Für eine detaillierte Beschreibung siehe [4].

1.2 Grundlegende Abgrenzungen von Identifikationsverfahren

Identifikationsverfahren lassen sich anhand unterschiedlicher Merkmale voneinander abgrenzen. Der folgende Abschnitt konzentriert sich auf die Merkmale optische vs. nicht optische Identifikation, natürliche vs. künstliche Identträger und informationstragend vs. nicht informationstragend. Sie werden jeweils erläutert, sodass bekannte Identifikationsverfahren anschließend entsprechend voneinander abgegrenzt werden können.

1.2.1 Optische vs. nicht optische Identifikation

Auto-ID-Technologien lassen sich in **optische** und **nicht optische Identifikationsverfahren** aufteilen, wie in Abb. 1.1 zu erkennen ist. Bei optischen Verfahren wird der

	Optische Identifikation	Nichtoptische Identifikation	Natürlicher Identträger	Künstlicher Identträger	Informations-tragend	Nicht informations-tragend
Barcode	X			X		X
RFID		X		X	X	
NFC		X		X	X	
BLE		X		X	X	

Abb. 1.1 Einordnung in der Logistik üblicher Identifikationsverfahren

Datenträger über Sichtkontakt gelesen. Zu diesen Technologien gehören Barcodes (siehe Abschn. 1.3), aber auch Zahlencodes und Fingerprints. Letztere finden aber in der Logistik wenig Anwendung. Aufgrund des geringen Informationsgehalts, den diese Verfahren speichern, fallen besonders geringe Kosten bei der Herstellung der Datenträger an. Daher sind optische Identifikationsverfahren weit verbreitet und es existieren weltweite Standards für optische Datenträger [4–6].

Nicht-optische Identifikationsverfahren werden über elektronische Datenträger realisiert. Diese erfordern nicht zwingend Sichtkontakt. Sie klassifizieren sich außerdem durch eine nichtflüchtige Speicherung von Daten, das bedeutet, dass auch bei einer Unterbrechung der Stromversorgung die Informationen nicht verloren gehen. Zu den bekannten Technologien zählen RFID, NFC und BLE (siehe Abschn. 1.3). Waren diese Verfahren ursprünglich auf Gegenstände beschränkt [2], können heute auch Menschen und Tiere mit ihnen identifiziert werden. In der Logistik finden nicht optische Identifikationsverfahren vielerlei Verwendung, z. B. bei der Produktverfolgung, der Navigation Fahrerloser Transportfahrzeuge oder der Lagerplanung [5, 6].

1.2.2 Natürliche vs. künstliche Identträger

Natürliche Identträger dienen der Identifikation von Individuen. Dabei werden die quantitativen Identifikationsmerkmale von Individuen mithilfe biometrischer Verfahren vermessen. Die als Referenzmuster abgespeicherten Merkmale einer Identität dienen entweder ihrer **Authentifikation** oder ihrer **Identifikation**. Bei der Authentifikation handelt es sich um die Verifizierung der Angehörigkeit von Individuen zu einer definierten Gruppe, die bspw. bestimmte Rechte besitzt. Bei der Identifikation wird ein Individuum in einer Menge eindeutig wiedererkannt. Sowohl bei der Authentifikation als auch bei der Identifikation wird das neu erfasste Muster mit einem Referenzmuster abgeglichen. Dabei wird überprüft, ob die Ähnlichkeit zwischen Probemuster und Referenzmuster hinreichend ist. Beispiele für natürliche Identträger sind Fingerabdruck, Gesicht, DNA und Unterschrift.

Daneben können heutzutage aber auch Objekte mithilfe technologischer Unterstützung als natürlicher Identifikationsträger klassifiziert werden [4].

Weiter werden bereits spezifisch NaturIdent-Verfahren für logistische Anwendungen erforscht. Bei diesem Ansatz werden Objekte anhand ihrer natürlichen Merkmale mithilfe von Kameras wiedererkannt. Beispielsweise kann eine Palette eindeutig aufgrund ihrer Maserung, der gepressten Holzbalken oder auch aufgrund von Verschleißmerkmalen (Dellen, Verunreinigungen o. Ä.) vom System erfasst werden [7].

Künstliche Identträger setzen einen eindeutigen, künstlich erzeugten Identifikator (auch Identifikationsnummer oder ID genannt) voraus. Dabei können diese Identifikatoren numerisch oder alphanumerisch aufgebaut sein. Beispielsweise sind Telefonnummern künstlich zusammengesetzte Identifikatoren. Die Speicherung der Identifikatoren kann auf unterschiedlichen Medien wie Papier (Barcode oder Klarschrift), Magnetkarten, Lochstreifen oder RFID-Transpondern erfolgen [4].

1.2.3   Informationstragend vs. nicht informationstragend

Als drittes Unterscheidungsmerkmal lassen sich die Identifikationsverfahren in **informationstragend** und **nicht informationstragend** aufteilen. Nicht informationstragend bedeutet, dass der Datenträger (z. B. Barcode) keine Informationen in sich selbst gespeichert hat. Die Informationen sind in einem dahinterliegenden System gespeichert und können nur über dieses abgerufen werden. Der Barcode an sich hat also nur über die Produktnummer Aussagekraft über das mit ihm verbundene Objekt. Produktname, Gewicht, Größe sind aber nicht im Barcode gespeichert.

Ein Identifikationsverfahren wird als informationstragend bezeichnet (z. B. RFID), sobald der Identträger über Informationen verfügt, die über den Zweck seiner Identifikation hinausgehen, z. B. Größe, Gewicht, Produktionsdatum, eventuell sogar Zustandsänderungen. Die Erfassung dieser Daten wäre, im Gegensatz zum Barcode, mit RFID möglich. In anderen Worten ist ein Identifikationsverfahren abhängig vom Informationsgehalt seines Identträgers informationstragend (neben der Objekt-ID kann der Identträger weitere Informationen erhalten) oder nicht informationstragend (der Identträger enthält ausschließlich die Objekt-ID).

1.3   Technologische Einzellösungen und Realisierungsbeispiele

Im Folgenden werden vier Auto-ID-Technologien vorgestellt: Barcode und RFID, die in der Logistik bereits heute weit verbreitet sind, sowie NFC und BLE, die in der Auto-ID bisher noch Nischentechnologien darstellen, aber eine spannende Zukunft in der Industrie 4.0 vermuten lassen.

1.3.1 Barcode

Der Barcode gehört zu den zuvor definierten optischen Identifikationsverfahren. Er ist ein künstlicher Identträger, jedoch nicht informationstragend (Abb. 1.2). Er besteht klassischerweise aus einer Aneinanderreihung von parallel angeordneten dunklen Strichen (engl. bars) und hellen Trennlücken [8]. Dabei haben sich über die Zeit feste Abfolgen von Strichen und Trennlücken etabliert, die bestimmte Elemente von Daten darstellen [8]. Zum Lesen des Barcodes und der darin enthaltenen Daten kommen Lesetechnologien wie Scanner oder Lesestifte zum Einsatz, die mithilfe eines Laserstrahles die unterschiedlichen Reflexionsgrade des Barcodes registrieren können [4, 9]. Wichtig hierbei ist ein starker Kontrast zwischen den hellen und dunklen Farben des Barcodes, um eine fehlerfreie Lesung zu gewährleisten. Ebenso müssen eine gute Auflösung des Barcodes, eine Kratz- und Wischfestigkeit sowie eine Wasser- und Lösungsmittelbeständigkeit gegeben sein. Zudem muss eine Schnittstelle mit einem IT-System vorhanden sein, um die Informationen lesen zu können [4].

Es wird zwischen eindimensionalen (1D) und zweidimensionalen (2D) Barcodes unterschieden. Ein 1D-Barcode (Abb. 1.3) wird nur in eine Koordinatenrichtung abgebildet und gelesen. Dabei haben alle 1D-Barcodes gemeinsam, dass sie aus einem Start- und einem Stopp-Symbol, Prüfziffern, Ruhezonen, dem Modul (schmalster Balken) und Nutzzeichen bestehen [4]. Eingesetzt wird diese Art von Barcode vor allem im Handel [9], der EAN Codes nach dem GS1 Standard [10] nutzt (vgl. [4]). Codes von kurzer Länge wie der EAN-8 werden vor allem auf kleinvolumigen Gütern (z. B. Zahnpasta, Kaugummis) angewendet (vgl. [9]). Längere Codes wie der EAN-13 sind vermehrt auf großflächigen Produkten zu finden.

Abb. 1.2 Merkmale des Barcodes

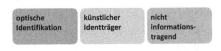

Abb. 1.3 Beispiel eines Barcodes. (Aus [4])

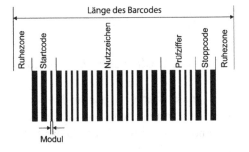

Tab. 1.1 Vor- und Nachteile von Barcodes. (In Anlehnung an [9, 12])

Vorteile	Nachteile
geringe Kosten pro Einheit	beschränkte Informationskapazität
weit verbreiteter Standard	zu lange Barcodes schwer handhabbar
Anpassung der Barcodelänge an Informationsgehalt	empfindlich gegenüber Schmutz, Feuchtigkeit und mechanischen Einwirkungen
	Lesbarkeit nur bei Sichtkontakt
	keine Datenergänzung möglich

Neben 1D-Barcodes kommen heutzutage auch in der Logistik 2D-Barcodes immer häufiger zum Einsatz [11]. 2D-Barcodes können aufgrund ihrer Struktur mehr Informationen speichern und damit gleichzeitig eine Generierung von sehr langen Barcodes vermeiden. Bekannte 2D-Barcodes sind bspw. der QR-Code oder der Aztec-Code. Sie werden insbesondere bei Konsumgütern mit hohem Informationsbedarf (z. B. Tickets, Gutscheine etc.), Kleinstprodukten (z. B. Tablettenverpackungen), aber auch bei Transporten mit hohem Informationsabbildungsbedarf (z. B. Mischpaletten) eingesetzt [4].

Die Vorteile von Barcodes sind die geringen Kosten pro Einheit bzw. Etikett sowie ihre weite Verbreitung als Standard in der Logistik [9, 12]. Negativ ist anzumerken, dass Barcodes empfindlich gegenüber Schmutz, Feuchtigkeit und mechanischen Einwirkungen sind, ihre Lesbarkeit nur bei Sichtkontakt gegeben ist und sie nur ein begrenztes Datenvolumen besitzen [9, 12]. Eine Übersicht der Vor- und Nachteile findet sich in der Tab. 1.1.

1.3.2 RFID

RFID, für Radio Frequency Identification (englisch für „Identifikation durch Radiowellen"), ist ein induktives kontaktloses Identifikationsverfahren und als Technologie mit einem Chipkartensystem vergleichbar [8]. Abb. 1.4 stellt seine Merkmale dar. Anders als kontaktbasierte Chipkartensysteme jedoch dient es der berührungslosen Übertragung binär kodierter Daten, für die kein Sichtkontakt erforderlich ist [4, 9]. Als Identifikationsmerkmal werden Transponder (in weiterer Folge auch Tag genannt) eingesetzt [4], welche von Transreceivern gelesen werden können. Wie in Abb. 1.5 zu erkennen, ergeben sich drei Subsysteme. Die Tags enthalten in der Regel Identifikationsnummern und können optional weitere Daten, z. B. Maße, Gewicht etc., speichern, welche dann von den Transreceivern, die über eine Schnittstelle mit einem dazugehörigen IT-System kommunizieren, ausgelesen werden können [4].

Die Energieversorgung eines RFID-Systems beruht auf magnetischen oder elektromagnetischen Feldern. Die Art der Energieversorgung ist ein wesentliches Unterscheidungsmerkmal von RFID-Systemen. Sie hat Einfluss auf Reichweite, Lebensdauer, Kosten und Baugröße. Die Reichweite wird zudem noch von weiteren Faktoren wie der Frequenz oder dem Material des Tags beeinflusst und kann zwischen wenigen Zentimetern und mehreren hundert Metern variieren. Es wird zwischen passiven Tags, aktiven Tags und

Abb. 1.4 Merkmale des RFID

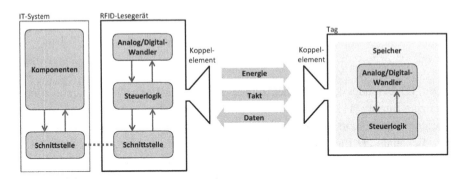

Abb. 1.5 Aufbau von RFID

semi-passiven Tags unterschieden. Passive Tags werden am häufigsten verwendet. Sie zeichnen sich durch eine Energieversorgung aus dem Antennenfeld aus. Die Kommunikation erfolgt ebenfalls über eine Manipulation des Antennenfeldes. Auch semi-passive Tags arbeiten bei der Kommunikation über das Antennenfeld, jedoch erfolgt ihre Energieversorgung durch Batterien. Aktive Tags beziehen ihre Energieversorgung ebenfalls aus der Batterie, die Kommunikation erfolgt jedoch innerhalb eines eigens erzeugten Feldes (vgl. [4, 8, 9]).

Im Vergleich zum Barcode hebt sich das RFID-System vor allem durch seine Fähigkeit „[…] der vollautomatischen, gleichzeitigen Erkennung mehrerer RFID-Transponder, wobei keine Sichtverbindung zwischen Lesegerät und RFID-Transponder nötig ist […]", ab [13]. Der Handhabungsaufwand reduziert sich im Vergleich zu herkömmlichen Ident-Technologien erheblich. RFID-Lesegeräte ermöglichen im Gegensatz zum Barcode eine höhere Lesereichweite. Auch können RFID-Tags an äußerlich nicht sichtbaren Stellen an oder in Objekten angebracht werden, um dabei möglichen negativen Umwelteinflüssen wie Hitze oder Schmutz entgegenzuwirken. Zudem können die gespeicherten Informationen nicht nur gelesen, sondern auch verändert werden. Geringe Fehlerquoten bei der Datenerfassung, Echtzeiterfassung und der Ausschluss von Datenfehlern durch Verschleiß- oder Abnutzungserscheinungen sprechen für die Qualität der RFID-Daten [13].

Abb. 1.6 stellt Barcode und RFID anhand charakteristischer Attribute gegenüber.

1.3.3 NFC

Near Field Communication (NFC) ist ebenfalls eine kontaktlose Auto-ID-Technologie (Merkmale in Abb. 1.7). Sie basiert in ihren Grundzügen auf der RFID-Technologie,

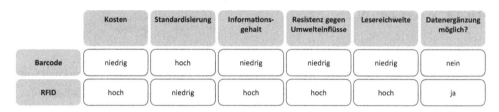

Abb. 1.6 Vergleich Barcode und RFID

Abb. 1.7 Merkmale der NFC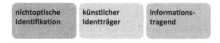

wurde aber speziell für den Nah- und Kontaktbereich konzipiert und angepasst. Im Vergleich zu RFID ist NFC leistungsstärker bei einer geringeren Übertragungsdistanz von maximal zehn Zentimetern. Der wesentliche Unterschied ist die Aufhebung der Aufteilung in Tag und Transreceiver. Stattdessen kann ein NFC-Gerät sowohl passiver Tag als auch aktiver Transreceiver sein. Zwei gleichwertige NFC-Geräte, ein Initiator und ein Target, haben dadurch drei Interaktionsmöglichkeiten. Im Peer-to-Peer-Modus erfolgt ein Datenaustausch zwischen beiden Geräten. Im Reader/Writer-Modus kann ein NFC-Gerät passive Tags auslesen und diese Informationen kommunizieren. Der Tag kann dabei sowohl ein weiteres NFC-Gerät sein als auch ein passiver RFID-Tag. Der optionale dritte Modus, der Card-Emulation-Modus, ermöglicht zusätzlich noch den Datenaustausch mit einem RFID-Lesegerät. NFC gilt als sicheres und einfaches Kommunikationssystem [14–17].

Basierend auf der beschriebenen technologischen Grundlage wird NFC ein breiter Nutzen in der Zukunft vorausgesagt [16]. Die Technologie kann vielfältig eingesetzt werden, z. B. in den Bereichen Mobile Commerce, Tourismus, Öffentliche Verkehrsmittel, Bankwesen [14, 16, 18]. Entlang der Wertschöpfungskette bietet diese Technologie großen Nutzen in der Logistik. Sie ermöglicht genaue Zugangskontrollen und Zeiterfassungen von Mensch und Maschine sowie Automatisierungen in der Zustelllogistik, z. B. durch das automatische Bedienen von Türen, Transportern o. Ä. [18]. Ein Problem der NFC-Technologie ist, dass nicht alle NFC-Standards Abhörsicherheit und Angriffsabwehr gewährleisten [14, 16]. Es können Informationen abgefangen und missbräuchlich verwendet, Datenübertragungen blockiert oder falsche Informationen und Befehle von einem Angreifer erhalten werden [14]. Durch kryptografische Verfahren, bspw. nach dem Kryptografiestandard NFC-SEC-01, lassen sich diese Probleme aber beheben [14].

1.3.4 BLE

Für die Intralogistik, besonders für den Warehousemanagementbereich (z. B. bei der Lagerzonung oder der innerräumlichen Navigation), stellt die Technologie Bluetooth Low

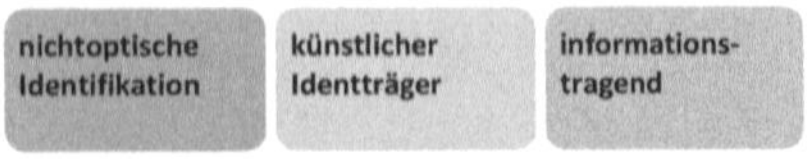

Abb. 1.8 Merkmale der BLE

| nichtoptische Identifikation | künstlicher Identträger | informations- tragend |

Energy (BLE) eine spannende Auto-ID dar [19]. Die BLE-Technologie (Merkmale in Abb. 1.8) zeichnet sich durch einen sehr geringen Energieverbrauch aus, welcher zu einer Langlebigkeit der Geräte von mehreren Jahren [20] und damit auch zu einer starken Kosteneinsparung führt. Der geringe Energieverbrauch ergibt sich vor allem durch das Abschaffen einer dauerhaften Verbindung, wie es bei herkömmlichen Bluetooth-Geräten der Fall ist [20]. Stattdessen findet der Datenaustausch bei BLE-Geräten nur in sehr kurzen Zeiträumen, etwa zwischen 7,5 Millisekunden und 4 s, statt [20]. Dafür müssen weder Zugangspunkte eingerichtet werden, noch wird ein Transreceiver zum Datenauslesen benötigt [19, 21, 22]. Der Datenaustausch wird mithilfe von BLE Beacons (kleine Bluetooth-Radio-Transmitter) gewährleistet. Im Gegensatz zu bspw. GPS eignet sich BLE besonders innerhalb von Gebäuden, da für GPS jeder Beacon auf einem Onlineserver vorregistriert werden müsste [22]. Bezogen auf das Beispiel der Lagerzonung können BLE-Beacons genutzt werden, indem sie in verschiedenen Zonen angebracht werden, um dadurch einen ständig aktualisierten Lagergrundriss mit den entsprechenden Zonen darzustellen [19].

1.4 Technologische Gesamtlösungen und Realisierungsbeispiele

Das Erfassen und Verarbeiten von güterbezogenen Daten ist Teil des Informationsmanagements eines Materialflusses. Technologische Lösungen in der Datenerfassung bieten kosten- und effizienzbasierte Optimierungspotenziale. Von Lieferanten wird eine gesteigerte Flexibilität und Reaktionsgeschwindigkeit erwartet. Gleichzeitig sind sie selbst mit einer kostenintensiven, für den Erfolg wesentlichen Logistik konfrontiert. Innerhalb der Logistik kommen besonders in der Kommissionierung Auto-ID-Verfahren zum Tragen. Im Zuge der zunehmenden Flexibilisierung wird hier die papiergebundene Pickliste als klassische Variante der Kommissionierführung von technologischen Lösungen abgelöst [23–25]. Im Folgenden werden daher einige dieser technologischen Gesamtlösungen, welche die zuvor genannten Einzellösungen einbinden, vorgestellt und verglichen.

1.4.1 Terminals

Die kostengünstigste und am weitesten verbreitete Ausprägung eines elektronischen Ersatzes einer papierbasierten Pickliste sind Terminals. Sie unterscheiden sich in stationäre und mobile Terminals, auch mobile Datenerfassungsgeräte (MDE) genannt. Notwendig zur grundlegenden Einsatzfähigkeit sind eine Anzeigeoberfläche (Display) und eine Eingabeoberfläche (Tastatur) [26, 27]. Stationäre Terminals sind ortsgebunden und funktionieren nach dem Ware-zur-Person-Prinzip. Über das Display werden die aus dem

IT-System online bezogenen Entnahmeinformationen zur zu kommissionierenden Ware dem Kommissionierer angezeigt [27].

MDE hingegen werden nach dem Person-zur-Ware-Prinzip benutzt. Im Gegensatz zu stationären Terminals können die Informationen sowohl online (Daten können drahtlos an das IT-System übertragen werden) als auch offline (Geräte müssen über Docking-Stationen mit dem System verbunden werden) abgebildet werden [26, 27]. Die Eignung solcher mobilen Lösungen besteht sowohl ein Kleinteil- als auch ein Großteillager. Es werden Informationen über den Lagerort, die Menge und die Einlagerungsart an den Kommissionierer weitergegeben. Zugriff auf die Entnahmeinformationen erhält der Kommissionierer visuell über ein Display, online via Infrarot oder Funk verbunden oder offline an einer Arbeitsstation. Abgesehen davon besteht die Option einer Kopplung mit anderen elektronischen Lösungen wie Pick-by-Voice oder Pick-by-Vision. Im Prozess findet schlussendlich die Datenerfassung statt [28, 29].

1.4.2 Pick-by-Voice (PbV)

Der vorherige Abschnitt legt eine Kombination von Pick-by-Voice-(PbV-)Systemen und mobilen Terminals nahe. Solche sprachgesteuerten Geräte werden durch ein MDE bei der drahtlosen Kommunikation mit dem Warehouse-Management-System (WMS) unterstützt. Mindestbestandteile sind des Weiteren ein Headset zur Sprachausgabe und ein Mikrofon zur Spracheingabe. Das System nutzt Text-to-Speech zur Spracherkennung und -synthese. Der Pick-Vorgang beginnt mit der standortbezogenen Informationsweitergabe an den Kommissionierer über das Headset. Die Kommissionierung der Auftragsbestandteile verläuft sodann nach dem Person-zur-Ware-Prinzip. Bei Entnahme sind Position und Menge mittels Spracheingabe einer güterspezifischen Kontrollziffer zu bestätigen. Das System kann anhand der Kontrollziffer die Warenentnahme bestätigen und in der Datenbank vermerken. Sprachanalyse stellt die anschließende Eingabeerkennung und Quittierung sicher. Dieser Vorgang ist repetitiv, bis der Kommissionierauftrag erfüllt wurde [27, 30, 31].

Einen differenzierten Blick auf Unterschiede zwischen einzelnen PbV-Systemen liefert unter anderem die Trennung in Thick und Thin Clients (siehe Abb. 1.9). Handelt es sich bei der Verknüpfung von MDE, Headset und Kopfhörer um einen Thin Client, sind die Hard- und Softwarebestandteile auf ein Minimales reduziert. Nur die Datenein- und ausgabe wird dem Kommissionierer ermöglicht. Spracherkennung und Sprachsynthese laufen über einen leistungsstarken Client-Server. Dem gegenüber steht der Thick Client mit geringerer Bandbreitenbeanspruchung und benötigter Rechenleistung sowie einer Offline-Funktion, erreicht durch die MDE-interne Hard- und Software zur Spracherzeugung und Umwandlung in Ausgabeinformationen.

Weiteren Einfluss auf Netzwerkbildung, Erweiterbarkeit und Serverlast nimmt die Wahl des Datentransfers. Die Übertragung kann entweder paketbasiert (TCP/IP) erfolgen, wo Fehlerkorrekturen durch Unterbrechungen vorgenommen werden, oder flussbasiert (IP-Layer) für Echtzeitübertagung, wie bei Internet-Telefonaten. Abhängig von der Konfigura-

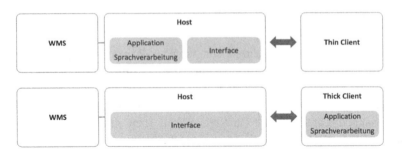

Abb. 1.9 Thick und Thin Client. (Nach [29])

tion des Systems ist sowohl eine sprecherunabhängige Eingabe als auch eine mehrsprachige Eingabe möglich. Dies steigert die Produktivität und verringert Fehler [27, 29, 32, 33].

In der Praxis finden sich solche PbV-Lösungen vielfach in der Lagerlogistik. Vorteilhaft schlagen die freien Hände zu Buche, da die Verräumung von Artikeln deutlich erleichtert wird. Weiterhin sind sie zweckmäßig durch geringen Investitionsbedarf sowie eine hohe Kommissioniergenauigkeit. Als Resultat ergibt sich die geringste durchschnittliche Fehlerrate aller vorgestellten technologischen Gesamtlösungen [23, 28, 29].

1.4.3 Pick-by-Light (PbL)

Ortsfeste Pick-by-Light-(PbL-)Systeme sind gleichermaßen über das Person-zur-Ware-Prinzip (Entnahme am Lagerplatz) und das Ware-zur-Person-Prinzip (Behälter wird zur Kommissionierstation befördert) einsetzbar. Geeignet bei Schnelldrehern mit kleinem Volumen in einem kleinen Sortiment, erhält der Kommissionierer seine Informationen am Regal selbst. Welche Regalbehälter der Mitarbeiter anzusteuern hat, wird über aufleuchtende Lampen am entsprechenden Regalfach verdeutlicht. Das ebenfalls dort angebrachte Display instruiert über die Entnahmemenge. Der Übertragungsvorgang verläuft per Funk. Folgend nutzt der Mitarbeiter einen fest installierten Knopf zur Quittierung. Es besteht eine synchron laufende Fehleraufzeichnung, und ein weiterer Knopf ermöglicht direkte Korrekturen. Einer hohen Pick-Performance, reduzierten Totzeiten und hohen Transparenz stehen hohe Investitionskosten und großer Organisationsaufwand gegenüber. Überdies eignet sich PbL ausschließlich für Kleinteillager. Durch fehlerhafte Bedienvorgänge kann eine nicht unmerkliche Fehlerquote entstehen [26, 27, 29, 34].

1.4.4 Pick-by-Vision

Pick-by-Vision hat als System mit erweiterter Realität über das letzte Jahrzehnt hinweg seinen Weg in die Industrie gefunden. In Abgrenzung zu der Virtual Reality (VR) findet eine Ergänzung der Realität (Augmented Reality, AR) um nützliche Objekte statt und es wird keine neue Realität geschaffen. Head-Mounted Displays (HMD) projizieren die Objekte direkt auf das Auge oder nutzen Videotechnologie auf der Brille, meist mit einer Laufzeit von 2 bis zu 12 h und stationärer Ladung. Echtzeitbasiert erfolgt ein Tracking der aktuellen Positionierung von Objekten und Kommissionierern. Mit einer möglichen Cloudunterstützung werden die Daten in das WMS abgespeichert. Per Aufnahme von Markern im Lager findet eine Registrierung von Objektbewegungen statt, z. B. über Radiofrequenz oder GPS [26, 27].

Startet der Mitarbeiter seinen Rundgang, beginnt dies mit dem Scan des Barcodes einer Pickliste vom Pick-by-Vision-Endgerät, wofür eine Kamera in die Datenbrille integriert ist. Der Erhalt der Informationen (SKU, Menge, Lagerort etc.) auf der Ausgabeoberfläche schließt sich an. Sodann erreicht der Mitarbeiter das Regal und bekommt wie auch zuvor den Blick in AR aufgespielt. Abermals erfolgt ein Scan, dieses Mal des Lagerplatzbarcodes zur Quittierung. In der Folge ist die nächste Position anzusteuern oder der abgeschlossene Pick-Auftrag am Zielpunkt abzuliefern. Pick-by-Vision zeigt sich als sinnvoll einsetzbar in der ein- oder mehrstufigen Kommissionierung von Durchlauf- und Fachbodenregalen [26, 35].

Die Technologie liefert Nutzungspotenziale für steigende Komplexitäten in Produktion und Logistik durch die Industrie-4.0-Prozessüberwachung und -steuerung Mensch-Maschine-Interaktionen in einer Internet-of-Things-(IoT-)Umgebung werden durch Pick-by-Vision möglich gemacht. Vor dem Hintergrund von E-Commerce und vielseitigem Sortiment führt die Visualisierung der Informationen, insbesondere des zu kommissionierenden Artikels, zu einer reduzierten Fehlerrate [23, 26, 35].

Abb. 1.10 stellt die vorgestellten Verfahren anhand ausgewählter Kriterien gegenüber.

	Geeignete Sortimentsgröße	Fehlerquote	Kommissionier-leistung	Investitions-kosten
Terminal	klein	hoch	niedrig	niedrig
Pick-by-Voice	groß	sehr niedrig	hoch	hoch
Pick-by-Light	klein	hoch	sehr hoch	sehr hoch
Pick-by-Vision	groß	niedrig	hoch	sehr hoch

Abb. 1.10 Vergleich technologischer Gesamtlösungen. (In Anlehnung an [36])

Literatur

1. D. Schmidt, *RFID im Mobile Supply Chain Event Management: Anwendungsszenarien, Verbreitung und Wirtschaftlichkeit*, 1. Aufl. Wiesbaden: Gabler, 2006.
2. „DIN 6763:1985-12, Nummerung; Grundbegriffe", Beuth Verlag GmbH. https://doi.org/10.31030/1122130.
3. E. Fleisch und F. Mattern, Hrsg., *Das Internet der Dinge*. Berlin/Heidelberg: Springer-Verlag, 2005. https://doi.org/10.1007/3-540-28299-8.
4. M. ten Hompel, H. Büchter, und U. Franzke, *Identifikationssysteme und Automatisierung*. Berlin, Heidelberg: Springer Berlin Heidelberg, 2008. https://doi.org/10.1007/978-3-540-75881-5.
5. H. Hippenmeyer und T. Moosmann, *Automatische Identifikation für Industrie 4.0*. Berlin, Heidelberg: Springer Berlin Heidelberg, 2016. https://doi.org/10.1007/978-3-662-52701-6.
6. A. Richter, *Gepäcklogistik auf Flughäfen*. Berlin, Heidelberg: Springer Berlin Heidelberg, 2013. https://doi.org/10.1007/978-3-642-32853-4.
7. J. Rutinowski, C. Pionzewski, T. Chilla, C. Reining, und M. ten Hompel, „Towards Re-Identification for Warehousing Entities – A Work-in-Progress Study", in *2021 26th IEEE International Conference on Emerging Technologies and Factory Automation (ETFA)*, Vasteras, Sweden, Sep. 2021, S. 1–4. https://doi.org/10.1109/ETFA45728.2021.9613250.
8. K. Finkenzeller, *RFID-Handbuch: Grundlagen und praktische Anwendungen von Transpondern, kontaktlosen Chipkarten und NFC*, 7., Aktualisierte u. erw. Aufl. München: Hanser, 2015.
9. C. Kern, *Anwendung von RFID-Systemen*, 2., verb. Aufl. Berlin Heidelberg: Springer, 2007. https://doi.org/10.1007/978-3-540-44478-7.
10. „GS1 General Specifications – Standards|GS1", *GS1*. https://www.gs1.org/standards/barcodes-epcrfid-id-keys/gs1-general-specifications (zugegriffen Nov. 05, 2021).
11. H. Gleißner und J. C. Femerling, *Logistik*. Wiesbaden: Gabler, 2008. https://doi.org/10.1007/978-3-8349-9547-6.
12. „IT in der Logistik", in *Logistik*, Wiesbaden: Gabler, 2008, S. 197–239. https://doi.org/10.1007/978-3-8349-9547-6_8.
13. M. Lampe, C. Flörkemeier, und S. Haller, „Einführung in die RFID-Technologie", in *Das Internet der Dinge*, E. Fleisch und F. Mattern, Hrsg. Berlin/Heidelberg: Springer-Verlag, 2005, S. 69–86. https://doi.org/10.1007/3-540-28299-8_3.
14. J. Langer und M. Roland, *Anwendungen und Technik von Near Field Communication (NFC)*. Berlin, Heidelberg: Springer Berlin Heidelberg, 2010. https://doi.org/10.1007/978-3-642-05497-6.
15. G. Madlmayr und J. Scharinger, „Neue Dimension von mobilen Tourismusanwendungen durch Near Field Communication-Technologie", in *mTourism*, R. Egger und M. Jooss, Hrsg. Wiesbaden: Gabler Verlag, 2010, S. 75–88. https://doi.org/10.1007/978-3-8349-8694-8_5.
16. K. Curran, A. Millar, und C. Mc Garvey, „Near Field Communication", *Int. J. Electr. Comput. Eng. IJECE*, Bd. 2, Nr. 3, S. 371–382, Apr. 2012, https://doi.org/10.11591/ijece.v2i3.234.
17. V. Coskun, B. Ozdenizci, und K. Ok, „A Survey on Near Field Communication (NFC) Technology", *Wirel. Pers. Commun.*, Bd. 71, Nr. 3, S. 2259–2294, Aug. 2013, https://doi.org/10.1007/s11277-012-0935-5.
18. U. Stopka, „Herausforderungen und Potenziale von Mobilfunk-, Ortungs- und Navigationsdiensten in Güterverkehr und Logistik", *Wiss. Z. Tech. Univ. Dresd.*, Bd. 58, Nr. 1–2, S. 81–89, 2009.
19. P. Octaviani und W. Ce, „Inventory Placement Mapping using Bluetooth Low Energy Beacon Technology for Warehouses", in *2020 International Conference on Information Management and Technology (ICIMTech)*, Bandung, Indonesia, Aug. 2020, S. 354–359. https://doi.org/10.1109/ICIMTech50083.2020.9211206.

20. S. Mischie, „On the Development of Bluetooth Low Energy Devices", in *2018 International Conference on Communications (COMM)*, Bucharest, Juni 2018, S. 339–344. https://doi.org/10.1109/ICComm.2018.8484756.

21. M. Teran, J. Aranda, H. Carrillo, D. Mendez, und C. Parra, „IoT-based system for indoor location using bluetooth low energy", in *2017 IEEE Colombian Conference on Communications and Computing (COLCOM)*, Cartagena, Colombia, Aug. 2017, S. 1–6. https://doi.org/10.1109/ColComCon.2017.8088211.

22. K. E. Jeon, J. She, P. Soonsawad, und P. C. Ng, „BLE Beacons for Internet of Things Applications: Survey, Challenges, and Opportunities", *IEEE Internet Things J.*, Bd. 5, Nr. 2, S. 811–828, Apr. 2018, https://doi.org/10.1109/JIOT.2017.2788449.

23. D. Schlögl und H. Zsifkovits, „Manuelle Kommissioniersysteme und die Rolle des Menschen", *BHM Berg- Hüttenmänn. Monatshefte*, Bd. 161, Nr. 5, S. 225–228, Mai 2016, https://doi.org/10.1007/s00501-016-0481-7.

24. E. H. Grosse und C. H. Glock, „Menschliche Faktoren in der Kommissionierung", *Z. Für Wirtsch. Fabr.*, Bd. 108, Nr. 4, S. 203–207, Apr. 2013, https://doi.org/10.3139/104.110916.

25. K. Krämer, „Datenerfassung und Informationsmanagement", in *Automatisierung in Materialfluss und Logistik*, Wiesbaden: Deutscher Universitätsverlag, 2002, S. 47–76. https://doi.org/10.1007/978-3-322-81221-6_4.

26. S. Werning, D. Konusch, und I. Ickerott, „Pick-by-Vision: Potenziale in der Unterstützung der Kommissionierung durch Smart Glasses", in *Smart Glasses*, O. Thomas und I. Ickerott, Hrsg. Berlin, Heidelberg: Springer Berlin Heidelberg, 2020, S. 168–189. https://doi.org/10.1007/978-3-662-62153-0_10.

27. M. ten Hompel, V. Sadowsky, und M. Beck, *Kommissionierung: Materialflusssysteme 2 – Planung und Berechnung der Kommissionierung in der Logistik*. Berlin, Heidelberg: Springer Berlin Heidelberg, 2011. https://doi.org/10.1007/978-3-540-29940-0.

28. M. ten Hompel, T. Schmidt, und J. Dregger, *Materialflusssysteme: Förder- und Lagertechnik*. Berlin, Heidelberg: Springer Berlin Heidelberg, 2018. https://doi.org/10.1007/978-3-662-56181-2.

29. Jörg Föller, „Techniken zur Informationsbereitstellung in der Kommissionierung", *Fördern und Heben*, Nr. 1–2, S. 38–41, 2005.

30. D. Battini, M. Calzavara, A. Persona, und F. Sgarbossa, „A comparative analysis of different paperless picking systems", *Ind. Manag. Data Syst.*, Bd. 115, Nr. 3, S. 483–503, Apr. 2015, https://doi.org/10.1108/IMDS-10-2014-0314.

31. S. Škerlič, R. Muha, und E. Sokolovskij, „APPLICATION OF MODERN WAREHOUSE TECHNOLOGY IN THE SLOVENIAN AUTOMOTIVE INDUSTRY", *TRANSPORT*, Bd. 32, Nr. 4, S. 415–425, Dez. 2017, https://doi.org/10.3846/16484142.2017.1354315.

32. J. Föller, „Vergleichsstudie ‚Pick by Voice'-Systeme Teil II – Untersuchungskriterien Funktionalität von Client, Headset und Host", *Fördern und Heben*, Nr. 9, S. 468–472, 2005.

33. J. Föller, „Vergleichsstudie ‚Pick by Voice'-Systeme Teil III – Untersuchungskriterien System, Netzwerk und Ergonomie", *Fördern und Heben*, Nr. 10, S. 574–578, 2005.

34. A. Baechler *u. a.*, „A Comparative Study of an Assistance System for Manual Order Picking -- Called Pick-by-Projection -- with the Guiding Systems Pick-by-Paper, Pick-by-Light and Pick-by-Display", in *2016 49th Hawaii International Conference on System Sciences (HICSS)*, Koloa, HI, USA, Jan. 2016, S. 523–531. https://doi.org/10.1109/HICSS.2016.72.

35. G. Plakas, S. T. Ponis, E. Agalianos, E. Aretoulaki, und S. P. Gayialis, „Augmented Reality in Manufacturing and Logistics: Lessons Learnt from a Real-Life Industrial Application", *Procedia Manuf.*, Bd. 51, S. 1629–1635, 2020, https://doi.org/10.1016/j.promfg.2020.10.227.

36. M. Ten Hompel und T. Schmidt, *Warehouse Management: Organisation und Steuerung von Lager- und Kommissioniersystemen; mit 48 Tabellen*, 3., korr. Aufl. Berlin Heidelberg: Springer, 2008.

Lagerverwaltung und Lagersteuerung

Christoph Pott und Felix Feldmann

„Die Intralogistik umfasst die Organisation, Steuerung, Durchführung und Optimierung des innerbetrieblichen Materialflusses, der Informationsströme sowie des Warenumschlags in Industrie, Handel und öffentlichen Einrichtungen" [11]. Mit dieser Definition wurde die Begrifflichkeit der „Intralogistik" auf einer Pressekonferenz zur Ankündigung der CEMAT 2005 im Juni 2003 vorgestellt. Die Intralogistik fokussiert also die Logistik an einem Standort einer Unternehmung. Dies kann zwar ebenfalls Tor- und Hofprozesse umfassen, etwa an sehr großen Standorten mit mehreren Gebäuden Transporte zwischen diesen. Das Herzstück der Intralogistik jedoch stellt ohne Zweifel das Lager dar. Entsprechend widmet sich dieser Abschnitt der Verwaltung und Steuerung des Lagers. Im Mittelpunkt der Betrachtung steht dabei eine Beschreibung des industriellen Status quo. Während im Fortlauf des dritten Teils des Handbuchs Logistik Visionen zukünftiger Lager gezeichnet werden, beschreibt dieser Abschnitt Modelle und Ansätze der Lagerverwaltung und -steuerung, wie sie sich heute mannigfaltig im Einsatz in Industrie und Handel befinden und sich nicht selten über Jahre als zuverlässig, robust und effektiv bewährt haben. Entsprechend beziehen sich weite Teile des Kapitels auf Normen, die in Ausschüssen bestehend aus Experten aus der Mitte der Wirtschaft und für den Einsatz in der Wirtschaft entstanden sind.

C. Pott (✉) · F. Feldmann
Technische Universität Dortmund, Dortmund, Deutschland
E-Mail: christoph.pott@tu-dortmund.de; felix2.feldmann@tu-dortmund.de

© Der/die Autor(en), exklusiv lizenziert an Springer-Verlag GmbH, DE, ein Teil von Springer Nature 2023
M. ten Hompel (Hrsg.), *IT und autonome Systeme in der Logistik*, Fachwissen Logistik, https://doi.org/10.1007/978-3-662-66939-6_2

2.1 Lagerverwaltung

2.1.1 Grundlagen

Die Lagerverwaltung stellt aus klassischer Sicht zunächst eine Buchführung über ein Lager dar. Dabei werden Lagerpotenziale gelistet und ihnen Gütereinheiten zugeordnet. Als Lagerpotenzial verstehen sich insbesondere Lagerplätze eines Lagersystems (Platzverwaltung). Mithilfe der Struktur der Lagerpotenziale lässt sich mit Verräumung von Gütern auf diese eine Bestandsverwaltung führen. Neben den ureigenen Funktionen Platzverwaltung und Bestandsverwaltung integriert die moderne Lagerverwaltung gleichermaßen Kontrollfunktionen, um das Lager kontinuierlich zu optimieren [5].

Die Lagerplatzverwaltung ist das Abbild der Struktur des Lagers, d. h. ihrer verschiedenen technischen Auslegungen und organisatorisch unterschiedlichen Bereiche. Sie bildet die Grundlage für Lagerplatzvergabestrategien. Die steuerungstechnische Umsetzung basiert dabei besonders auf der Vergabe von Statusangaben (z. B. Lagerplatz frei, belegt, reserviert). Durch die Bestandsverwaltung wird die Versorgung mit Gütern gesichert, indem zu jedem Zeitpunkt nachgehalten wird, welche Mengen welchen Gutes sich wo befinden. Sollte der Zugriff nicht möglich sein, können Alternativplätze vorgeschlagen werden. Falls der Bestand besonders gering ist, können Nachbestellungen ausgelöst werden. Darüber hinaus gehören zur Lagerverwaltung weitere Überwachungsfunktionen, wie etwa der Blick auf die Lagerbedingungen (z. B. Temperatur, Feuchtigkeit) oder Zugriffsbeschränkungen. Durch die Bildung von Gruppen, etwa für Artikel oder Lagerplätze, ermöglicht die Lagerverwaltung einen aggregierten Überblick über das Lager [5].

Eine weitere große Optimierungsmaßnahme der Lagerverwaltung ist die Reorganisation. Änderungen im Zugriffsverhalten auf einzelne Artikel bei Mengen oder Häufigkeit, Sortimentsänderungen oder zeitlich begrenzte Vertriebsaktionen etwa können dazu führen, dass die Zuordnung von Gütern zu Lagerplätzen nicht mehr optimal ist. Zur Verringerung der Transportwege und Erhöhung des Raumnutzungsgrades ist es der Job der Lagerverwaltung, Umbuchungen oder Umlagerungen durchzuführen [5].

Die Lagerverwaltung erfolgt heute, insbesondere ab einer bestimmten Lagergröße, weitestgehend IT-gestützt. Die zentrale Logistiksoftware hierfür stellen Warehouse Management Systeme dar, auf die im Folgenden mit Verweis auf die Richtline 3601 des Vereins Deutscher Ingenieure (VDI) näher eingegangen wird.

2.1.2 Warehouse-Management-Systeme (VDI 3601)

2.1.2.1 Definition
Das Warehouse Management bezeichnet im allgemeinen Sprachgebrauch die Steuerung, Kontrolle und Optimierung von Lager- und Distributionssystemen. Neben den elementaren Funktionen einer Lagerverwaltung, zu der eine Mengen und Lagerplatzverwaltung

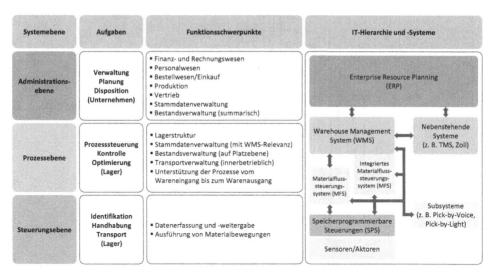

Abb. 2.1 Ebenenmodell der IT-Landschaft aus Sicht des WMS. (Nach [7])

sowie Fördermittelsteuerung und -disposition gehören, umfasst der Leistungsumfang eines WMS nach dieser Betrachtungsweise auch umfangreiche Methoden und Mittel zur Kontrolle der Systemzustände und eine Auswahl an Betriebs- und Optimierungsstrategien. Die Aufgabe eines WMS besteht somit in der Führung und Optimierung von innerbetrieblichen Lagersystemen [7, 10].

Damit ist das Warehouse Management System in der IT-Systemlandschaft einer Unternehmung das führende System für die Abwicklung aller intralogistischen Tätigkeiten. Wie in Abb. 2.1 dargestellt, steht das WMS in dieser Rolle hierarchisch unter dem alle Unternehmensaktivitäten bündelnden Enterprise-Resource-Planning- (ERP-) System. Neben logistikfremden Funktionen wie Personal- oder Rechnungswesen verwaltet das ERP – auf rein administrativer Ebene – auch Informationen von Relevanz für die Logistik, z. B. Bestellwesen, Vertrieb, Artikelstammdaten. Auch Bestände werden im ERP verwaltet – jedoch rein summarisch, d. h. ohne konkrete logistische Informationen wie Lagerort oder Ladeeinheit. Vom ERP erhält das WMS Aufträge und damit den Anstoß, aktiv zu werden [7, 10].

Hierarchisch unterhalb des WMS befinden sich das Materialflusssteuerungssystem und die Steuerungsebene. Über sie werden die logistischen Aufgaben in physische Bewegungen umgesetzt. Hierauf wird im Abschn. 2.2 näher eingegangen.

2.1.2.2 Kernfunktionen

Die Kernfunktionen gehören zum minimalen Lieferumfang eines jeden WMS, wobei die konkrete Funktionalität unterschiedlich detailliert ausgeprägt sein kann (siehe Abb. 2.2). Die Kernfunktionen unterstützen – normalerweise ausschließlich durch Module des

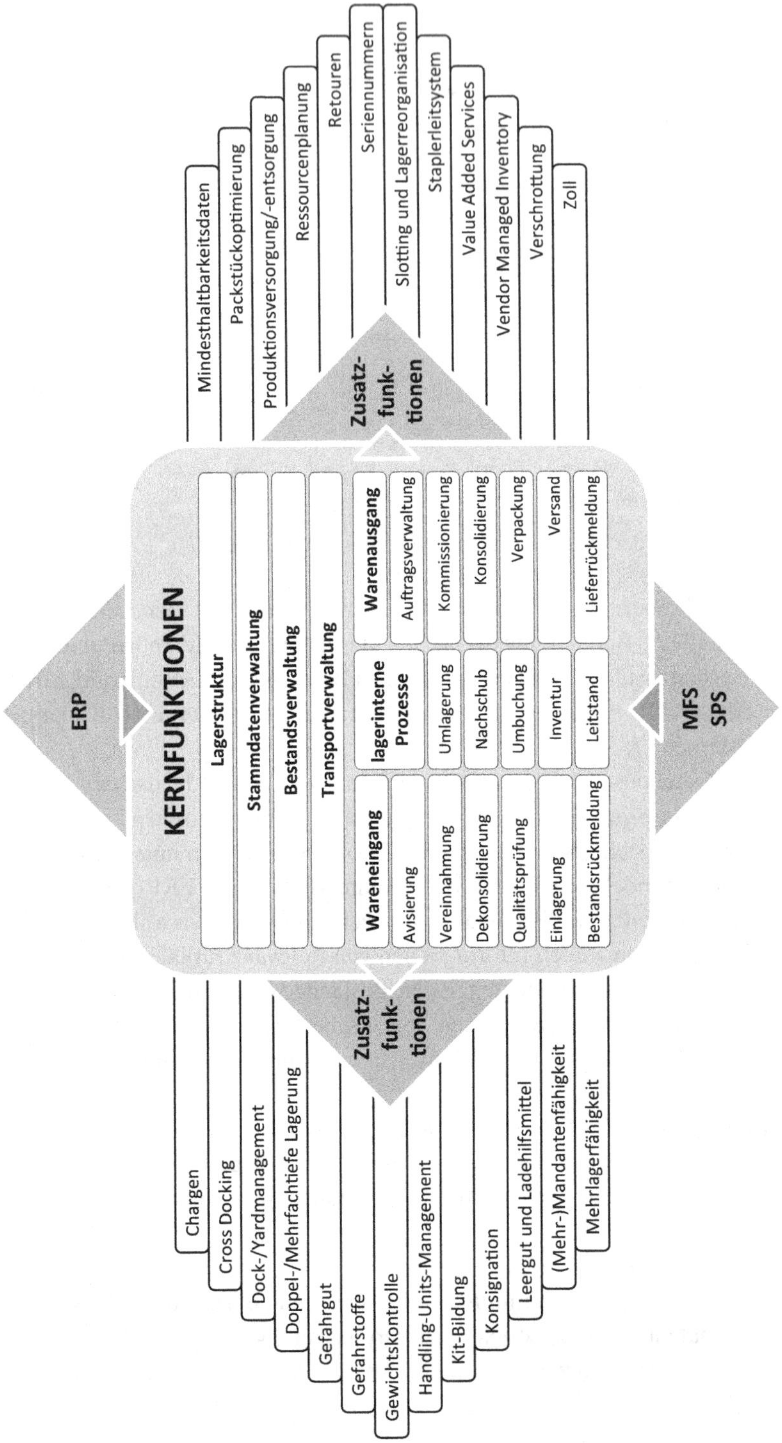

Abb. 2.2 WMS-Raute [7]

WMS-Anbieters – den Haupteinsatzbereich jedes WMS: die Prozesse vom Wareneingang bis zum Warenausgang sowie lagerrelevante Verwaltungsprozesse [7, 10].

2.1.2.3 Zusatzfunktionen

Zusatzfunktionen ergänzen die Kernfunktionen eines WMS. Sie werden installiert bzw. aktiviert, sofern der Kunde die entsprechende Funktionalität benötigt (z. B. aufgrund branchenspezifischer Anforderungen). Darüber hinaus gibt es hierbei Module (z. B. Dock-/Yardmanagement oder Ressourcenplanung), die von Spezialanbietern separat angeboten und über eine Schnittstelle mit dem WMS verknüpft werden [7, 10].

2.2 Zentrale Steuerungssysteme zur operativen Materialflusssteuerung

2.2.1 Grundlagen

Im Folgenden wird ein Überblick über die zentral gestaltete Materialflusssteuerung gegeben. Neben den Aufgaben der Materialflusssteuerung werden die verschiedenen Modelle zur Systemarchitektur eines zentralen Steuerungssystems behandelt.

Die Materialflusssteuerung ermöglicht es, operative Entscheidungen hinsichtlich der physischen Materialströme in einem Lagersystem vorzunehmen. Die Aufgabenbereiche von modernen Materialflusssteuerungen gelten als sehr umfangreich. Sie koordinieren und synchronisieren die Material- und Informationsflüsse entlang des gesamten Materialflusses und sind somit ausschlaggebend für die erfolgreiche Auftragsabwicklung in Logistik- und Distributionszentren. Durch die zunehmende Komplexität und die Vielzahl an Ausprägungsformen von Lagersystemen hat sich der Aufgabenbereich von modernen Materialflusssteuerungssystemen von der reinen Transportsteuerung hin zu komplexen Steuerungssystemen entwickelt. Zu den Hauptaufgaben der Materialflusssteuerung zählen nach [1]:

Ausführung von Transportaufträgen: Sie stellt die grundlegende Funktionalität einer Materialflusssteuerung dar. Hierbei werden einerseits die strategisch relevanten Transportregeln festgelegt, andererseits wird die optimale Nutzung der zur Verfügung stehenden Transportressourcen gewährleistet [1].

Visualisierung des intralogistischen Systems: Alle am intralogistischen System beteiligten Teilkomponenten werden mit ihren transportspezifischen Einflussfaktoren im Gesamtzusammenhang visualisiert. Die Gestaltung und Bedienbarkeit sind hierbei zentrale Aspekte, da die Visualisierung, neben ihrer informativen Rolle, den Mitarbeitern als steuerndes Interaktionsmedium dient [1].

Datenerfassung und -weitergabe: Relevante Informationen werden an die entsprechenden angrenzenden Systeme weitergegeben. Hierzu interagiert die Materialflusssteuerung mit dem übergeordneten Enterprise-Resource-Planning- (ERP-)System. Zur

Gewährleistung eines reibungslosen Informationsaustauschs zwischen den Systemebenen sind leistungsstarke und standardisierte Kommunikationsschnittstellen von zentraler Bedeutung [1].

Protokollierung und Bereitstellung der transportrelevanten Daten: Durch bspw. die Protokollierung des Transportvolumens und der Verfügbarkeit der Transportsysteme können Kennzahlen abgeleitet werden, die wiederum die Entscheidungsfindung der Materialflusssteuerung unterstützen. Gleichzeitig werden so Fehler- und Störungdiagnosen ermöglicht [1].

Festlegung der grundlegenden Steuerungsstrategie: Die Auswahl erfolgt hier anhand der grundlegenden Steuerungsstrategien Bündeln, Ordnen und Sichern bzw. der Gegenstrategien Aufteilen, Umordnen und Entsichern. Einerseits lässt sich hierdurch die Systemkomplexität kompensieren, andererseits stehen die Grundstrategien im Spannungsverhältnis zueinander, sodass der bestmögliche, individuelle Kompromiss getroffen werden muss [2].

Systeme zur Materialflusssteuerung können verschiedene Systemarchitekturen aufweisen. Unterschieden werden kann hierbei in zentrale, dezentrale sowie selbststeuernde Systeme. Der Fokus soll nun auf den zentralen Steuerungssystemen liegen, die klassischerweise durch einen hierarchischen Aufbau charakterisiert sind. Dezentrale und selbstorganisierende Steuerungssysteme werden in den folgenden Kapiteln behandelt.

In der Praxis sind zentrale Steuerungssysteme weiterhin sehr stark verbreitet. Sie zeichnen sich durch einen hierarchischen Aufbau aus, d. h. die Steuerungsentscheidungen werden von einem zentralen Rechner ausgeführt. Alle Steuerungsfunktionen sind in einer Steuerung vereint und alle Sensoren und Aktoren der einzelnen Entitäten sind direkt mit dieser Steuerung verbunden. Die Ablaufplanung der einzelnen Prozessschritte des Materialflusses im Lagersystem erfolgt somit von zentraler Stelle und erlaubt einen direkten Zugriff auf das Gesamtsystem. Dies birgt die Gefahr, dass ein Ausfall dieser Steuerung den Ausfall des gesamten Materialflusssystems zur Folge hat.

2.2.2 Die klassische Automatisierungspyramide basierend auf DIN EN 62264-1

Die zentralen Materialflusssteuerungen basieren auf der klassischen Automatisierungspyramide, welche den hierarchischen Aufbau veranschaulicht. Da sich diese Automatisierungspyramide in einer Vielzahl von industriellen Anwendungsfällen wiederfindet und bei der Beschreibung der einzelnen Ebenen verschiedene Begriffe und Ausprägungsformen genutzt werden, gibt es sie mittlerweile in vielen Varianten. Die Autoren präsentieren in [3] einen ausführlichen Überblick über diese verschiedenen Varianten. Es wird deutlich, dass in der Literatur unterschiedliche Modelle der Automatisierungspyramide abgebildet werden. Auch die Anzahl der Ebenen kann je nach Quelle variieren. Das aktuelle Modell RAMI 4.0 besteht beispielsweise aus sieben Ebenen, wohingegen stark komprimierte Modelle lediglich aus drei Ebenen bestehen.

Abb. 2.3 veranschaulicht die klassische Automatisierungspyramide nach Siepmann [4] basierend auf der DIN EN 62264-1. Im Vergleich zu einigen älteren Versionen der Automatisierungspyramide, die klassischerweise aus fünf Ebenen bestehen, fügt Siepmann als unterste Ebene eine Prozessebene an. Ergänzt wurde die klassische Automatisierungspyramide an dieser Stelle um die von Nieke in [1] beschriebenen Funktionalitäten jeder Ebene für die Materialflusssteuerung.

Folgend werden die Ebenen 1 bis 5 nach [1] kurz erläutert.

Level 5 – Unternehmensebene: Die oberste Ebene bildet mit dem ERP-System die gesamten Geschäftsprozesse eines Unternehmens ab.

Level 4 – Leitebene: Auf der Leitebene befindet sich das Lagerverwaltungssystem (LVS) oder das WMS, es werden demnach die Aufgaben der Lagerverwaltung abgebildet. Hierzu zählt bspw. die Einlastung von Transport- oder Kommissionieraufträgen.

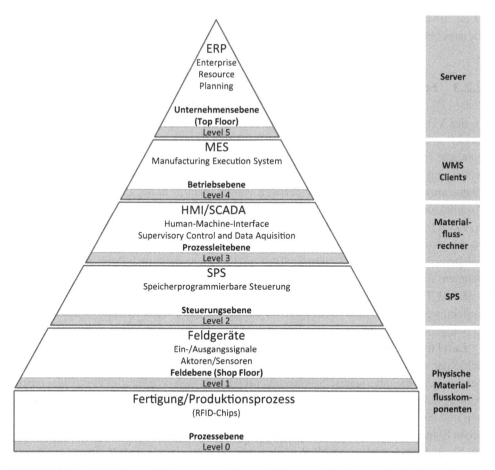

Abb. 2.3 Klassische Automatisierungspyramide nach Siepmann. Ergänzt um die Funktionalitäten für die Materialflusssteuerung. (In Anlehnung an [4])

Level 3 – Prozessleitebene: Auf der Prozessleitebene befindet sich der Materialfluss-rechner (MFR), welcher die verschiedenen Transportaufträge als Vorgabe an die Steuerungsebene übermittelt und bei erfolgter Ausführung darüber eine Rückmeldung er-hält. Darüber hinaus findet auf dieser Ebene meist die Visualisierung statt, da sowohl die Signale der Steuerungsebene als auch die Daten des Materialflussrechners vorliegen.

Level 2 – Steuerungsebene: Auf der Steuerungsebene werden mithilfe einer speicher-programmierbaren Steuerung (SPS) die Sensordaten in Form von Eingangssignalen ver-arbeitet und anschließend die Ergebnisdaten in Form von Ausgangssignalen an die Ak-toren in der Feldebene zurückgegeben. Darüber hinaus wird das mechanische Layout in ein platzbezogenes und logisches Transportsystem überführt, und die Koordination der Transporte und Lastübergaben von einem auf das andere Element findet statt.

Level 1 – Feldebene: Bei dieser Ebene handelt es sich um den ausführenden Teil der Materialfluss-steuerung, da die für den physischen Materialfluss relevanten Informationen der Sensoren und Aktoren in Form von Ein- und Ausgangssignalen verarbeitet werden. Diese Ebene umfasst alle sich an den mechanischen Transportelementen der intra-logistischen Systeme befindlichen Sensoren und Aktoren.

2.2.3 Ebenenmodell nach VDMA 15276

In der VDMA 15276 wurde die klassische Automatisierungspyramide in ein Ebenen-modell speziell für die Materialflusssteuerung überführt. Es ergeben sich somit einige re-dundante Ebenen. Abb. 2.4 zeigt die Aufteilung der Steuerungsarchitektur in acht Ebenen, welche im Folgenden nach [5] und [6] kurz beschrieben werden. Auch wenn dieses Ebenenmodell mittlerweile zurückgezogen wurde, dient es in der Literatur weiterhin als Architekturmodell für zentrale Materialflusssteuerungen.

Level 8 – Warenwirtschafts-/Produktionssystem (WWS, PPS): Analog zu der klas-sischen Automatisierungspyramide befindet sich in der Spitze der Pyramide die Unter-nehmensebene, auf der die wirtschaftlichen Gegebenheiten und Prozesse des Unter-nehmens dargestellt werden.

Level 7 – Lagerverwaltung: Auf dieser Ebene befindet sich das Lagerverwaltungs-system, welches die Prozesse im Lager organisiert und die verschiedenen Orte, Bereiche, Topologien oder Belegungen verwaltet.

Level 6 – Darstellung und Kommunikation: Diese Ebene stellt die Schnittstelle zum WMS dar, indem die Transportanforderungen übernommen und um die Systemkoordinaten bereichert an die unterlagerte Systemsteuerung übermittelt werden. Bei abgeschlossenen Aufträgen oder Störungen erstattet diese Ebene Meldung an das WMS. Weitere Funktio-nen sind die Protokollierung der Prozessabläufe, die Visualisierung der beteiligten logisti-schen Einheiten sowie die Bedienung der Materialflussanlage. Darüber hinaus ist auf die-ser Ebene typischerweise der MFR implementiert.

Level 5 – Systemsteuerung: Auf dieser Ebene werden die Transportaufträge des Materialflusses zentral gesteuert. Hierzu werden von der Lagerverwaltung die Transport-

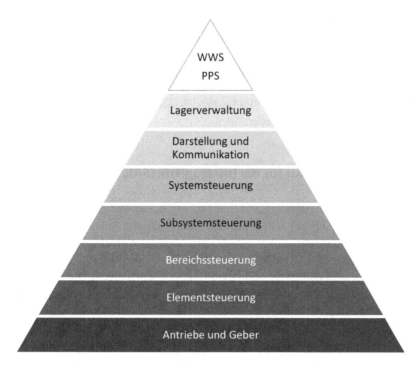

Abb. 2.4 Achtstufige Steuerungsarchitektur für Materialflusssysteme nach VDMA 15276. (In Anlehnung an [5])

anforderungen in das System eingelastet und unter Berücksichtigung der Transportstrategie auf die geeigneten Flurfördersysteme verteilt. Diese Informationen werden dann an die Subsystemsteuerung weitergegeben.

Level 4 – Subsystemsteuerung: Die Subsystemsteuerung, die meist durch eine speicherprogrammierbare Steuerung realisiert wird, ist für die dezentrale Steuerung aller abgeschlossenen Teilsysteme (z. B. Hochregallager oder Fahrerlose Transportsysteme) des Materialflusssystems verantwortlich.

Level 3 – Bereichssteuerung: Bereichssteuerungen kommen zum Einsatz, wenn Subsysteme aus verschiedenen funktionalen Bereichen bestehen. Das kann bei Fahrerlosen Transportsystemen beispielsweise die Steuerung eines einzelnen Fahrzeugs sein. Weiterhin wird auf dieser Ebene die Belegung der einzelnen Fördermittel verwaltet.

Level 2 – Elementsteuerung: Auf dieser Ebene werden einerseits die Sensordaten der unterlagerten Ebene verarbeitet, andererseits die Aktoren nach den Vorgaben der übergeordneten Ebene gesteuert.

Level 1 – Antriebe und Geber: Als die Schnittstelle zwischen der Materialflusssteuerung und der physischen Materialflussebene liefern z. B. Sensoren wie Lichtschranken der übergeordneten Ebene Informationen über den Systemzustand und Aktoren wie z. B. Förderbandsegmente die mechanische Energie für Transportvorgänge.

Trotz der Tatsache, dass die VDMA 15276 mittlerweile zurückgezogen wurde, spiegelt sie die Steuerungsarchitektur zentraler Materialflusssysteme wider. Auch die aktuelle VDI 3601 Richtlinie zu Warehouse-Management-Systeme[n] erstellt ein Ebenenmodell der Systemlandschaft [7], das sich aus einer Administrations-, einer Prozess- und einer Steuerungsebene zusammensetzt. Die aus den zuvor vorgestellten Steuerungsarchitekturen bekannten Systeme ERP, WMS und SPS lassen sich hier in der Administrations-, Prozess-, und Steuerungsebene ebenfalls wiederfinden.

2.2.4 Systemarchitektur für die Intralogistik (SAIL) (VDI/VDMA 5100)

Neben den zuvor vorgestellten hierarchisch geprägten Steuerungsarchitekturen in Form einer Top-down-Zerlegung in verschiedene bereichsorientierte Anlagenebenen kann diese Zerlegung ebenfalls nach der funktionalen Gliederung der Anlage geschehen, wie es bei dem SAIL-Modell der VDI/VDMA 5100 der Fall ist.

Grundlegend besteht das SAIL-Architekturmodell aus den drei Bestandteilen Funktionen, Komponenten und Komponentenschnittstellen. Diese sollen im Folgenden nach [8] genauer erklärt werden.

Zunächst wird die Förderanlage des Materialflusssystems in die fünf steuerungstechnischen Kernfunktionen Anlagensteuerung (F:FC), Informationsgewinnung (F:IC), Richtungssteuerung (F:DC), Fahrauftragsverwaltung (F:MM) und Ressourcennutzung (F:RU) unterteilt. Darüber hinaus wird die Transportkoordination (TC) hinzugefügt, die kein Bestandteil des Architekturmodells, sondern des übergeordneten Systems (ERP, WMS) ist. Sie übergibt die Transportaufträge an die Funktion Ressourcennutzung.

Neben den fünf Kernfunktionen wurden die Basiskomponenten Förderelemente (C:CE) und Informationselemente (C:IE) sowie die Aggregationskomponenten Fördergruppe (C:CG), Fördersegment (C:CS) und Förderbereich (C:CA) definiert. Einerseits bilden die Komponenten in Kombination mit den verschiedenen Funktionen abgeschlossene Einheiten, andererseits soll hierdurch die Modellierung des Materialflusses durch Baukastenelemente ermöglicht werden.

Die Komponentenschnittstellen beschreiben die einheitlichen Informationsschnittstellen einer Komponente zur Kommunikation von Parametern, Steuerdaten, Aufträgen, Quittierungen, Statuswerten und Diagnosedaten [8].

In Abb. 2.5 sind typische Systemkonfigurationen nach SAIL aufgezeigt. Hier ist zu erkennen, wie sich die Funktionen in den verschiedenen Konfigurationen zwischen dem Lagerverwaltungssystem, dem Materialflusssystem und dem Transportsystem verschieben.

Mithilfe des SAIL-Modells wird eine einheitliche Darstellung von Funktionen und Komponenten in Form von Baukastenelementen angestrebt, um somit eine höhere Transparenz des Materialflusssystems, eine Wiederverwendbarkeit der Elemente und eine bessere Strukturierung der Aufgabenbereiche zu erzielen.

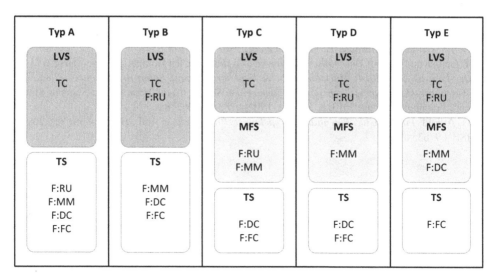

Abb. 2.5 Typische Systemkonfigurationen nach SAIL. (In Anlehnung an [8])

Um den Anforderungen moderner Materialflusssysteme gerecht zu werden, bedarf es alternativer Steuerungsarchitekturen, die die hohe Komplexität hierarchischer Systeme kompensieren. Dies lässt sich mit der starken Konzentration der Logik und Entscheidungsfindung in einem oder wenigen zentralen Systemen sowie der Integration und Abstimmung der verschiedenen Subsysteme und Komponenten begründen [9].

Literatur

1. C. Nieke, „Materialflusssteuerung heute und ihre Defizite", in *Internet der Dinge in der Intralogistik*, W. Günthner und M. ten Hompel, Hrsg. Berlin, Heidelberg: Springer, 2010, S. 15–21.
2. T. Gudehus, *Logistik 1*. Berlin, Heidelberg: Springer Berlin Heidelberg, 2012.
3. T. Meudt, M. Pohl, und J. Metternich, „Die Automatisierungspyramide – Ein Literaturüberblick", Darmstadt, Report, Juni 2017. Zugegriffen: Aug. 05, 2020. [Online]. Verfügbar unter: https://tuprints.ulb.tu-darmstadt.de/6298/.
4. D. Siepmann, „Industrie 4.0 – Technologische Komponenten", in *Einführung und Umsetzung von Industrie 4.0*, A. Roth, Hrsg. Berlin, Heidelberg: Springer Berlin Heidelberg, 2016, S. 47–72.
5. M. ten Hompel und T. Schmidt, *Warehouse Management: Organisation und Steuerung von Lager- und Kommissioniersystemen*. Berlin, Heidelberg: Springer Berlin Heidelberg, 2010.
6. M. ten Hompel und T. Schmidt, *Warehouse Management: Automatisierung und Organisation von Lager- und Kommissioniersystemen*, 2., korrigierte Aufl. Berlin: Springer, 2005.
7. VDI-Gesellschaft Produktion und Logistik, „VDI 3601, Warehouse-Management-Systeme". Verein Deutscher Ingenieure, März 2014.
8. VDI-Gesellschaft Produktion und Logistik, „VDI/VDMA 5100 Blatt 1, Systemarchitektur für die Intralogistik (SAIL) – Grundlagen". Verein Deutscher Ingenieure, Mai 2016.

9. S. Libert, R. Chisu, und A. Luft, „Softwarearchitektur für eine agentenbasierte Materialfluss-steuerung", in *Internet der Dinge in der Intralogistik*, W. Günthner und M. ten Hompel, Hrsg. Berlin, Heidelberg: Springer Berlin Heidelberg, 2010, S. 95–106.

10. T. Geißen und C. Pott: *Warehouse-Management-Systeme.* In: ten Hompel, Michael (Hrsg.): *IT in der Logistik 2013/2014: Marktübersicht & Funktionsumfang: Enterprise-Resource-Planning, Warehouse-Management, Transport-Management & Supply-Chain-Management-Systeme.* Stuttgart: Fraunhofer Verlag, 2013, S. 58–111. ISBN 9783839606278

11. D. Arnold: *Intralogistik: Potentiale, Perspektiven, Prognosen.* 1. Aufl., Berlin: Springer, 2006. ISBN 9783540296577

Cyberphysische Systeme und Industrie 4.0

3

Haci Bayhan und Pascal Kaiser

3.1 Industrie 4.0

3.1.1 Einführung

Der Biologe *Guy Theraulaz* stellte einst fest: „Die Evolution hat Ameisen darauf getrimmt, noch im größten Chaos einen sinnvollen Weg zu finden. Ob nun in der Biologie oder in der Fabrik – alle logistischen oder industriellen Probleme haben die Gemeinsamkeit, dass sie unter unendlich vielen Einflüssen stehen" [1].

Aus diesem Zitat geht hervor, dass man insbesondere im Rahmen der vierten industriellen Revolution, die als Industrie 4.0 bezeichnet wird, viel von der Natur lernen und auf die industriellen Produktionsabläufe übertragen kann. Beispielhaft hierfür steht der sogenannte Ameisenalgorithmus, welcher die Schwarmintelligenz für das Internet der Dinge beschreibt (engl. Internet of Things, IoT). Der Name leitet sich, wie in Abb. 3.1 zu sehen ist, von sogenannten Ameisenstraßen ab, die Ameisen zur Futtersuche einrichten, um einen kürzesten Weg von der Futterquelle zum Bau zu finden. Mittels des Algorithmus können sich sämtliche Objekte einer Produktionslinie untereinander abstimmen und durch Selbststeuerung die kürzeste Route finden, sodass sie einen organisierten Materialfluss bilden. Die Steuerung von Materialflüssen in cyberphysischen Systemen (CPS) orientiert sich an der Pheromon-basierten Schwarmintelligenz von Ameisen, welche zur Findung des kürzesten Weges dient [1].

H. Bayhan (✉) · P. Kaiser
Technische Universität Dortmund, Dortmund, Deutschland
E-Mail: haci.bayhan@tu-dortmund.de; pascal3.kaiser@tu-dortmund.de

© Der/die Autor(en), exklusiv lizenziert an Springer-Verlag GmbH, DE, ein Teil
von Springer Nature 2023
M. ten Hompel (Hrsg.), *IT und autonome Systeme in der Logistik*, Fachwissen Logistik,
https://doi.org/10.1007/978-3-662-66939-6_3

Abb. 3.1 Ameisenstraße – Wie Industrie 4.0 von der Natur lernen kann. (https://www.pexels.com/de-de/foto/makrofoto-von-funf-orangefarbenen-ameisen-842401/. Zugegriffen: 02.12.2021)

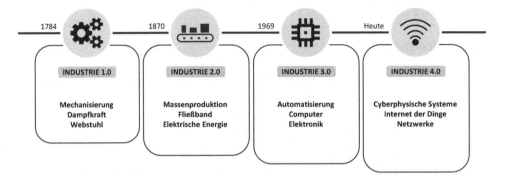

Abb. 3.2 Die vier Stufen der industriellen Revolution. (In Anlehnung an [3])

Um die Besonderheiten der Industrie 4.0 greifbar zu machen, ist es sinnvoll, die vergangenen drei Revolutionen näher zu betrachten und zu eruieren, welche Phänomene diese verschiedenen Phasen kennzeichnen und wie sie aufeinander aufbauen [2]. In der nachfolgenden Abb. 3.2 werden die vier Stufen der industriellen Revolution veranschaulicht.

Die 1. industrielle Revolution begann um 1750 mit der Entwicklung der Dampfmaschine, welche insbesondere als Arbeits- und Kraftmaschine die Industrialisierung vorangetrieben hat. So waren strukturell bedingte Hungerkatastrophen in Industrieländern eine Seltenheit. Diese Umstände führten zu einer Bevölkerungsexplosion, da zum einen die Bevölkerung auch bedingt durch die verbesserten Transportsysteme (Dampfschifffahrt, Eisenbahn) mit Nahrung und Kleidung versorgt werden konnte und zum anderen, da die Produktivität in der Herstellung von Grundversorgungsgütern, wie in der Landwirtschaft, sich verbesserte [4].

An diese Phase schließt die *2. industrielle Revolution* mit einer bürgerlichen Revolution an, welche durch eine arbeitsteilige Massenproduktion mittels elektrischer Energie gekennzeichnet war. Diese Massenproduktion wurde durch das von Henry Ford entwickelte Fließband sowie die wissenschaftliche Betriebsführung nach Frederic W. Taylor ermöglicht.

Neben elektrischen Antrieben und Verbrennungsmotoren ermöglichten auch elektrifizierte Antriebssysteme eine Dezentralisierung von Arbeitsmaschinen, sodass sie nicht mehr durch zentrale Kraftmaschinen betrieben werden mussten. Erdöl spielte in dieser Phase eine wichtige Rolle, da es als Grundstoff der chemischen Industrie und als neuer Treibstoff für mobile Systeme, insbesondere für Automobile unabdingbar wird [5].

Die 2. industrielle Revolution überstand eine konjunkturelle Krise sowie zwei Weltkriege und wurde zu Beginn der 1960er-Jahre durch die *3. industrielle Revolution* abgelöst. Die Elektronik sowie die Informations- und Kommunikationstechnologie bildeten neben der fortschreitenden Automatisierung der Produktionsprozesse in dieser Phase die Basis für die variantenreiche Serienproduktion [2].

Die 4. industrielle Revolution beschreibt eine Vision der Zukunft, in der Maschinen und Objekte „intelligent" sind und sowohl miteinander als auch mit dem Menschen kommunizieren und interagieren können [6]. Dies ist mithilfe von cyberphysischen Systemen (CPS) möglich, bei denen die Umgebung durch Sensoren erfasst wird und mit Aktoren auf diese eingewirkt wird. Eine derartige Vernetzung bildet den Kern von Industrie 4.0 [7].

Dabei bleibt festzustellen, dass für den Terminus der **Industrie 4.0** in Theorie und Praxis verschiedene Definitionen vorhanden sind [7]. Die nationale „Plattform Industrie 4.0" formuliert die Definition der Industrie 4.0 wie folgt:

> *„Der Begriff Industrie 4.0 steht für die vierte industrielle Revolution, eine neue Stufe der Organisation und Steuerung der gesamten Wertschöpfungskette über den Lebenszyklus von Produkten. [...] Durch die Verbindung von Menschen, Objekten und Systemen entstehen dynamische, echtzeitoptimierte und selbst organisierende, unternehmensübergreifende Wertschöpfungsnetzwerke, die sich nach unterschiedlichen Kriterien wie bspw. Kosten, Verfügbarkeit und Ressourcenverbrauch optimieren lassen."* [8]

3.1.2 Chancen und Mehrwert der Industrie 4.0

Wie aus dem Zitat hervorgeht, ergeben sich in der Industrie 4.0 viele Chancen entlang der gesamten Wertschöpfungskette. Neben einer nachhaltigen Optimierung von Herstellungsprozessen trägt sie zu einem Quantensprung innerhalb der kompletten Wertschöpfungskette bei. Dieser Mehrwert von Industrie 4.0 wird in der folgenden Abb. 3.3 veranschaulicht [9]:

3.1.3 Komponenten der Industrie 4.0

Da es sich bei der Industrie 4.0 um ein gegenwärtiges und neues Projekt handelt, ist es nicht verwunderlich, dass man sich in Bezug auf die Basiskomponenten der Industrie

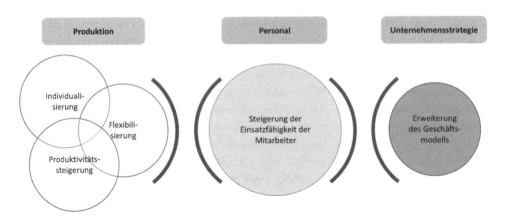

Abb. 3.3 Chancen und Chancen-Bereiche von Industrie 4.0 im Überblick. (In Anlehnung an [9])

Abb. 3.4 Basiskomponenten
von Industrie 4.0. (In
Anlehnung an [10])

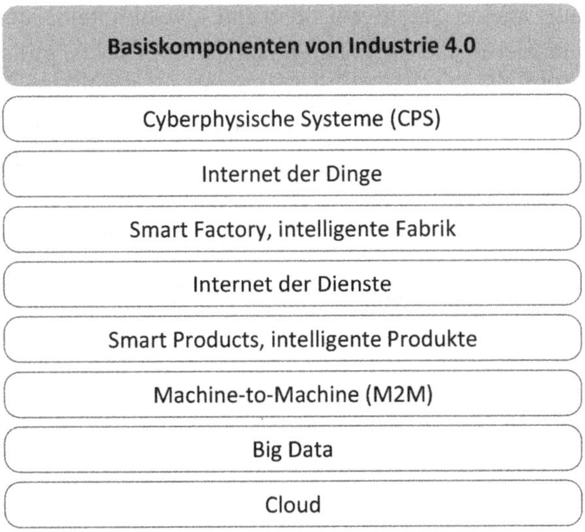

Basiskomponenten von Industrie 4.0

Cyberphysische Systeme (CPS)

Internet der Dinge

Smart Factory, intelligente Fabrik

Internet der Dienste

Smart Products, intelligente Produkte

Machine-to-Machine (M2M)

Big Data

Cloud

4.0 in der Literatur noch uneinig ist. Die folgende Definition wurde auf Basis der Definitionen von Hermann, Pentek und Otto [10] und Roth [9] zusammengesetzt, bei der unter
anderem CPS, Internet der Dinge bzw. Internet der Dienste und die Smart Factory zu den
Basiskomponenten der Industrie 4.0 gezählt werden [9, 10]. Die zugrunde liegenden Komponenten sind in der nachfolgenden Abb. 3.4 dargestellt und werden im Folgenden für ein
grundlegendes Verständnis kurz beschrieben.

Bei einem **cyberphysischen System (CPS)** werden Objekte der realen Welt mittels
Soft- und Hardware dazu befähigt, kommunikations- und entscheidungsfähig zu sein. Der
Austausch findet dabei über das **Internet der Dinge und Dienste** statt [11]. Auf diese
beiden Begriffe wird im nachfolgenden Abschnitt näher eingegangen. In diesem Zuge
wird auch auf das **Cloud Computing** eingegangen, das für die Auswertung großer Daten-

mengen (**Big Data**) verwendet wird. Die Kommunikation zwischen den Maschinen im Sinne einer **Machine-to-Machine-** (**M2M-**) Interaktion wird zudem in dem Beitrag *Handbuch Logistik – IT und autonome Systeme in der Logistik – dezentralität und Selbstorganisation* beschrieben.

Multimodale **Mensch-Maschine-Schnittstellen** ermöglichen die Verbindung mit diesen CPS, sodass sie via Touch Displays, Sprache und in Zukunft auch durch Gesten durch den Menschen gesteuert werden können. Mit der Unterstützung des Menschen sind die CPS in der Lage, autonom Probleme zu lösen [11]. Diese Thematik wird auch in dem Beitrag *Handbuch Logistik – IT und autonome Systeme in der Logistik – Mensch-Maschine-Interaktion* betrachtet.

Aus diesen Gegebenheiten ergibt sich eine sogenannte **Smarte Fabrik**, in der eine autonome dezentrale Organisierung mittels CPS nahezu in Echtzeit möglich wird. Der Beitrag *Handbuch Logistik – IT und autonome Systeme in der Logistik – Logistische Plattformökonomie und Silicon Economy* konkretisiert das Konzept einer intelligenten Fabrik [11].

Ein Resultat der Industrie 4.0 ist nicht nur die Digitalisierung der Produktion, sondern auch die Bereitstellung zusätzlicher Funktionen für den Endkunden. Dies wird durch ein **intelligentes Produkt** ermöglicht, das sich mit anderen Produkten vernetzen kann und Informationen und Daten sowohl generiert als auch verarbeitet [9].

3.1.4 Logistik 4.0

Die Symbiose aus Logistik und dem Internet der Dinge bildet ein eminentes Anwendungsfeld der Industrie 4.0. Vor allem seit der Jahrtausendwende wird die Einführung cyberphysischer Technologien stark gefördert, wobei mit einer fundamentalen Reformation der Logistik gerechnet wird [12].

Die *Vision* der Industrie 4.0 bedeutet mithin einen fundamentalen, nachhaltigen und strukturellen Wandel in der Technik in Produktion und Logistik, der mit einem höheren Bedarf an Rechnerkapazitäten einhergeht. Das exponentielle Wachstum der Rechnersowie Sensorikleistung und Speicherkapazität in den letzten Jahren führt allerdings dazu, dass nun erstmals mehr technische Möglichkeiten vorhanden sind, als geeignet genutzt werden können. So wird zukünftig die Frage nach ausreichender Rechnerleistung irrelevant, da nun neben den Formen von Künstlicher Intelligenz auch die Gestaltung bzw. Entwicklung von Algorithmen im Fokus stehen, die die Verbindung und Vernetzung von verteilten Systemen eines zukünftigen Internet der Dinge koordinieren [13].

3.1.5 Warum Logistik?

Analog zur Geometrie wird auch die Logistik als unanzweifelbares Konstrukt gesehen, das auf verschiedenen Axiomen beruht. Dabei steht oft das Ziel, die richtige Ware zur richtigen Zeit an den richtigen Ort zu bringen, in dessen Verbindung. Die Logistik beruht auf Axiomen in Bezug auf die adäquate Bewegung der Dinge (Waren, Güter etc.) durch die Zeit an Orten und in Relationen und kann sowohl deterministisch als auch algorithmierbar sein.

Zu jedem der einzelnen (atomaren) Prozessschritte der physischen Logistik gibt es eine einfache und vollständige Beschreibung, die oft den Standard setzt. Die vielen Prozessschritte und deren simultane, flexible Vernetzung sowie deren multikriterielle Entscheidungssituationen tragen ungemein zur Komplexität bei.

Seit dem enormen Aufschwung des Internethandels zählt gerade die Logistik als primäre Anwendungsbranche für Industrie 4.0, das Internet der Dinge und für die physische Umsetzung von Verfahren Künstlicher Intelligenz. Die komplexe Aufgabe der Disposition logistischer Distributionssysteme übernimmt die moderne Informatik. Beispiele für die physische Umsetzung sind beispielsweise intelligente Ladungsträger sowie Schwärme von Shuttles oder autonomen Fahrerlosen Transportsystemen [13].

3.2   Cyberphysische Systeme

3.2.1   Einführung

Cyberphysische Systeme sind eine der Grundlagen für die Industrie 4.0. Der Begriff deckt eine Vielzahl an unterschiedlichen Systemen ab; in der Logistik sind dies z. B. intelligente Objekte, die eine echtzeitbasierte Zustandsabfrage zulassen [14].

Edward A. Lee führte 2006 eine grundlegende Definition für cyberphysische Systeme ein: „Cyber-Physical Systems (CPS) are integrations of computation with physical processes. Embedded computers and networks monitor and control the physical processes, usually with feedback loops where physical processes affect computations and vice versa" [15].

CPS stellen die Verbindung der drei Elemente Mechanik, Elektronik und Informatik dar [16, S. 555]. Die deutsche Akademie der Technikwissenschaft (acatech) definierte CPS 2010 wie folgt: „[Cyberphysische Systeme sind] die enge Verbindung eingebetteter Systeme zur Überwachung und Steuerung physikalischer Vorgänge mittels Sensoren und Aktuatoren über Kommunikationseinrichtungen mit den globalen digitalen Netzen" [17, S. 17].

Das bedeutet, dass CPS zum einen physikalische Daten über Sensoren erfassen und zum anderen mittels Aktoren auf physikalische Vorgänge Einfluss nehmen können. Die mittels der Sensoren aufgenommenen Daten können ausgewertet und gespeichert werden, um anschließend mit der physikalischen oder digitalen Welt zu interagieren [18, S. 13]. Die Basis für CPS bilden die drei Elemente eingebettete Systeme, Internet der Dinge und Dienste (IoTS) und Cloud Computing sowie deren technologische Ansätze (Abb. 3.5).

Grundsätzlich bestehen CPS aus drei Komponenten: einer physischen, einer intelligenten und einer vernetzenden Komponente. Mithilfe der Vernetzung durch das Internet ist es möglich, dass einzelne Objekte miteinander kommunizieren und verhandeln [19, S. 346].

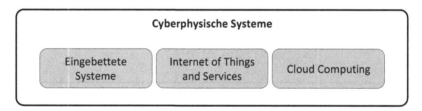

Abb. 3.5 Kernelemente cyberphysischer Systeme. (In Anlehnung an [9])

Vor allem der Bereich der Logistik spielt bei der Entwicklung und Anwendung von CPS eine entscheidende Rolle. Dies lässt sich besonders durch Faktoren wie die anhaltende Globalisierung, den steigenden Vernetzungsgrad oder den zunehmenden Wunsch nach Individualität begründen. Folge ist ein exponentiell steigender Komplexitätsgrad in der Logistik. Es werden intelligente Systeme benötigt, zu denen CPS einen Teil beitragen können [20, S. 5]. Nach Meinung von Experten haben insbesondere intralogistische Abläufe ein großes Optimierungspotenzial, das von derartigen Systemen genutzt werden kann. So kann beispielsweise der innerbetriebliche Transport durch Fahrerlose Transportsysteme, welche eine Anwendung von CPS darstellen, realisiert werden. Auch Bereiche wie die Kommissionierung oder der Wareneingang können durch CPS in Form von Datenbrillen oder anderen Technologien unterstützt werden [19, S. 346]. In den nachfolgenden Abschnitten werden die drei Basiselemente von CPS näher beschrieben.

3.2.2 Eingebettete Systeme

Eingebettete Systeme werden als informationsverarbeitende Systeme, die in ein größeres Produkt bzw. eine Umgebung integriert sind, definiert [21, S. 1]. So sind sie in der Lage, komplexe Regelungs-, Steuerungs- und Datenverarbeitungsaufgaben auszuführen. Durch die in letzter Zeit zunehmende Rechenleistung und Vernetzung bilden sie immer mehr die Basis von CPS [22, S. 11].

Durch eingebettete Systeme sind Objekte eines Systems in der Lage, Informationen und Daten zu verarbeiten und zu versenden. Dazu werden die Objekte mit der benötigten Mikroelektronik, Sensorik, Kommunikationsmodulen und Rechenleistung ausgerüstet. Dadurch ergeben sich Objekte, die mit Informationstechnologie und einer gewissen Intelligenz ausgestattet sind, wie z. B. intelligente Produktionsmittel in Form von vernetzten Transportbehältern oder ganzen Produktionsmaschinen. Werden diese intelligenten Objekte über das Internet mit einer drahtlosen Kommunikationsfähigkeit ausgestattet, baut sich nach und nach das IoTS auf [23, S. 23].

Grundsätzlich interagiert jedes eingebettete System mittels Sensoren und Aktoren mit seiner Umgebung. Dabei werden interne Zustände des Gesamtsystems sowie Informationen über die Umwelt über Sensorsysteme aufgenommen. Über die Ansteuerung von Ak-

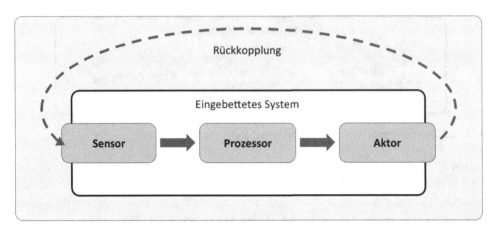

Abb. 3.6 Wirkung eingebetteter Systeme. (In Anlehnung an [22])

toren lässt sich die Umwelt hingegen gezielt beeinflussen [21, S. 2]. Dabei sind zu jeder Zeit die gegebenen Randbedingungen und Limitierungen zu beachten. Beispielsweise müssen der verfügbare Bauraum, die maximale Leistungsaufnahme oder Umgebungsbedingungen berücksichtigt werden. Zu letzteren zählen Aspekte wie die Temperatur, mechanische Belastungen oder elektrische Störungen [22, S. 12]. Dieses Zusammenwirken ist schematisch in Abb. 3.6 dargestellt. Insgesamt ist vor allem das effektive Zusammenspiel zwischen Sensoren, Aktoren und der Software für eine erfolgreiche Realisierung entscheidend [21, S. 3].

3.2.3 Internet of Things and Services (IoTS)

Im Allgemeinen ergibt sich das IoTS durch die vollständige Vernetzung aller Alltagsgegenstände und bedeutet die Erweiterung des gegenwärtigen Internets. Ziel ist es, dass prinzipiell jedes physische Objekt eine eigene IP-Adresse besitzt, um mithilfe von Sensoren und Mikrochips anderen IT-Systemen und Objekten Informationen bereitzustellen oder von ihnen Dienste in Anspruch zu nehmen. Für CPS bedeutet das IoTS, dass zukünftig Produkte, Produktionsmittel und ganze Produktionsanlagen miteinander vernetzt werden können. Dies führt bei den verschiedenen Objekten zu einer selbstständigen Kommunikation und der Fähigkeit, Daten zu analysieren und Maßnahmen abzuleiten. Dabei ermöglicht das IoTS die Kommunikation von Mensch zu Mensch, von Objekt zu Objekt und zwischen Objekt und Mensch [23, S. 26]. Für die Umsetzung dieser Kommunikation werden verschiedene Technologien benötigt, wie z. B. die eingebettete Informationsverarbeitung, die Identifikation oder die Sensorik und Aktorik. In [24] werden diese und weitere Technologien zur Realisierung der Kommunikation näher beschrieben.

3.2.4 Cloud Computing

Das dritte Element von CPS ist das Cloud Computing. Beim Cloud Computing laufen Anwendungen und Dienste in einem verteilten Netzwerk auf virtualisierten Ressourcen, auf die über Internetprotokolle oder Netzwerkstandards zugegriffen wird. Es zeichnet sich durch virtuelle und unbegrenzte Ressourcen aus sowie dadurch, dass die physischen Systeme, auf denen die Software läuft, vom Anwender abstrahiert sind. Das Cloud Computing bezieht sich auf zwei wesentliche Konzepte. Das bedeutet zum einen, dass die Systemimplementierung von den Benutzern und Entwicklern abstrahiert wird:

- Anwendungen laufen auf physischen Systemen, die nicht spezifiziert sind,
- Daten werden an unbekannten Orten gespeichert,
- die Verwaltung der Systeme wird an andere ausgelagert und
- der Zugriff der Benutzer ist allgegenwärtig.

Zum anderen bedeutet dies, dass Systeme durch die Zusammenlegung und gemeinsame Nutzung von Ressourcen virtualisiert werden:

- Systeme und Speicher werden von einer zentralen Infrastruktur bedarfsgerecht bereitgestellt,
- die Kosten werden auf Basis der Nutzung abgerechnet,
- Mandantenfähigkeit ist realisierbar und
- die Ressourcen sind flexibel skalierbar [25, S. 3].

Auf das Cloud Computing wird die benötigte Rechenleistung für CPS ausgelagert, wodurch die echtzeitbasierte Steuerung, Wartung und Kontrolle der Systeme zustande kommt [23, S. 23].

Literatur

1. Henkel, M.: Ameisenalgorithmus: Wie Industrie 4.0 und IoT von der Natur lernen. Techtag – Webmagazin für die Digitalwirtschaft. https://www.techtag.de/digitalisierung/industrie-4-0/ameisenalgorithmus-industrie-4-0-iot/ (2016). Zugegriffen: 02.12.2021
2. Bauernhansl, T.: Die Vierte Industrielle Revolution – Der Weg in ein wertschaffendes Produktionsparadigma. In: Bauernhansl, T., ten Hompel, M., Vogel-Heuser, B. (Hrsg.) Industrie 4.0 in Produktion, Automatisierung und Logistik, S. 5. Springer Vieweg, Wiesbaden (2014)
3. Diaonescu, R.: Status and trends in the global manufacturing sector. IIoT WORLD. https://iiot-world.com/connected-industry/status-and-trends-in-the-global-manufacturing-sector/. Zugegriffen: 02.12.2021
4. Diamond, J.: Der Kollaps – Warum Gesellschaften überleben oder untergehen. S. Fischer, Frankfurt (2005)
5. Hahn, H.-W.: Die industrielle Revolution in Deutschland. Oldenbourg Verlag, München (2011)

6. Kagermann, H., Wahlster, W., Helbig, J.: Umsetzungsempfehlungen für das Zukunftsprojekt Industrie 4.0 – Abschlussbericht des Arbeitskreises Industrie 4.0. Forschungsunion im Stifterverband für die Deutsche Wissenschaft, Berlin (2012)

7. Seibold, Z., Furmans, K.: Plug&Play-Fördertechnik in der Industrie 4.0. In: Vogel-Heuser, B., Bauernhansl, T., ten Hompel, M. (Hrsg.) Handbuch Industrie 4.0 Bd. 3, S. 3. Springer Vieweg, Berlin, Heidelberg (2017)

8. Plattform Industrie 4.0. Was Industrie 4.0 (für uns) ist. https://www.plattform-i40.de/blog/was-industrie-40-f%C3%BCr-uns-ist (2013). Zugegriffen: 11.05.2014

9. Roth, A.: Industrie 4.0 – Hype oder Revolution?. In: Roth, A. (Hrsg.) Einführung und Umsetzung von Industrie 4.0, S. 6–8. Springer Gabler, Berlin, Heidelberg (2016)

10. Hermann, M., Pentek, T., Otto, B.: Design Principles for Industrie 4.0 Scenarios: A Literature Review (2015). https://doi.org/10.13140/RG.2.2.29269.22248

11. Bauernhansl, T.: Die Vierte Industrielle Revolution – Der Weg in ein wertschaffendes Produktionsparadigma. In: Bauernhansl, T., ten Hompel, M., Vogel-Heuser, B. (Hrsg.) Industrie 4.0 in Produktion, Automatisierung und Logistik, S. 5–35. Springer Vieweg, Wiesbaden (2014)

12. ten Hompel, M., Henke, M.: Logistik 4.0 – Ein Ausblick auf die Planung und das Management der zukünftigen Logistik vor dem Hintergrund der vierten industriellen Revolution. In: Vogel-Heuser, B., Bauernhansl, T., ten Hompel, M. (Hrsg.) Handbuch Industrie 4.0 Bd. 4. Springer Vieweg, Berlin, Heidelberg (2017)

13. ten Hompel, M., Henke, M.: Logistik 4.0 in der Silicon Economy. In: ten Hompel, M., Bauernhansl, T., Vogel-Heuser, B. (Hrsg.) Handbuch Industrie 4.0. Springer Vieweg, Berlin, Heidelberg (2020)

14. acatech — Deutsche Akademie der Technikwissenschaften, 2011 hrsg: Cyber-Physical Systems. Springer Berlin Heidelberg, Berlin, Heidelberg (2011)

15. Lee, E.A.: Cyber-Physical Systems – Are Computing Foundations Adequate? 9

16. Reinhart, G., Klöber-Koch, J., Braunreuther, S.: Handlungsfeld Cyber-Physische Systeme. ZWF. 111, 555–559 (2016). https://doi.org/10.3139/104.111573

17. Broy, M. hrsg: Cyber-Physical Systems. Springer Berlin Heidelberg, Berlin, Heidelberg (2010)

18. Hellinger, A., Deutsche Akademie der Technikwissenschaften hrsg: Cyber-Physical Systems: Innovationsmotor für Mobilität, Gesundheit, Energie und Produktion. Springer, Berlin Heidelberg (2011)

19. Endres, F., Sejdić, G.: Cyber-Physische Systeme in der Intralogistik: Mögliche Anwendungsfelder und Nutzenpotenziale im Überblick. Zeitschrift für wirtschaftlichen Fabrikbetrieb. 113, 346–349 (2018). https://doi.org/10.3139/104.111911

20. Große-Puppendahl, D., Lier, S., Roidl, M., ten Hompel, M.: Cyber-physische Logistikmodule als Schlüssel zu einer flexiblen und wandlungsfähigen Produktion in der Prozessindustrie. Volume 2016. Issue 10 (2016). https://doi.org/10.2195/LJ_PROC_GROSSEPUPPENDAHL_DE_201610_01

21. Berns, K., Köpper, A., Schürmann, B.: Technische Grundlagen Eingebetteter Systeme: Elektronik, Systemtheorie, Komponenten und Analyse. Springer Fachmedien Wiesbaden, Wiesbaden (2019)

22. Hüning, F.: Embedded Systems für IoT. Springer Berlin Heidelberg, Berlin, Heidelberg (2019)

23. Siepmann, D., Graef, N.: Industrie 4.0 – Grundlagen und Gesamtzusammenhang. In: Roth, A. (hrsg.) Einführung und Umsetzung von Industrie 4.0: Grundlagen, Vorgehensmodell und Use Cases aus der Praxis. S. 17–82. Springer Berlin Heidelberg, Berlin, Heidelberg (2016)

24. Mattern, F., Flörkemeier, C.: Vom Internet der Computer zum Internet der Dinge. Informatik Spektrum. 33, 107–121 (2010). https://doi.org/10.1007/s00287-010-0417-7

25. Sosinsky, B.A.: Cloud computing bible. Wiley; John Wiley [distributor], Indianapolis, IN: Chichester (2011)

Dezentralität und Selbstorganisation

4

Pascal Kaiser, Friedrich Niemann und Moritz Roidl

4.1 Einführung

In den vergangenen Jahren wurden vermehrt flexible Intralogistiktechnologien entwickelt, um der hohen Dynamik in der Marktentwicklung gerecht zu werden. Hierbei wird verstärkt die Wandlungsfähigkeit solcher Systeme verfolgt. Um dies zu erreichen, findet eine Modularisierung von Intralogistiksystemen statt. Dadurch werden die Gewerke einzeln beim Hersteller entwickelt und es können direkt grundlegende Tests durchgeführt werden [1]. Bei modular entwickelten Systemen trifft die Steuerungslogik auf einem eingebetteten Rechnersystem am Objekt selbst Entscheidungen. Diese Multiagentensysteme (Abschn. 4.2) bilden die Grundlage für Dezentralität und Selbstorganisation in Intralogistiksystemen. Die übergreifenden Systemfunktionen werden durch die Kommunikation der einzelnen Module abgebildet. Durch die Aufteilung der Steuerungsfunktion auf mehrere eingebettete Rechnersysteme entstehen dezentrale Steuerungssysteme, die eine Komplexitätsreduktion an den einzelnen Steuerungsknoten erreichen. Allerdings kann ein zusätzlicher Kommunikationsaufwand entstehen [2].

Dezentrale Steuerungsalgorithmen (Abschn. 4.3) werden bereits industriell in logistischen Systemen, insbesondere bei Stetig- sowie Unstetigfördersystemen eingesetzt. Dezentral gesteuerte Stetigfördersysteme führen zu stationären Fördermodulen, deren Layout einfach und ohne zusätzlichen Programmieraufwand geändert werden kann. Autonome

P. Kaiser (✉) · F. Niemann
Technische Universität Dortmund, Dortmund, Deutschland
E-Mail: pascal3.kaiser@tu-dortmund.de; friedrich.niemann@tu-dortmund.de

M. Roidl
Technische Universität Dortmund, Dortmund, Deutschland
E-Mail: moritz.roidl@tu-dortmund.de

M. ten Hompel (Hrsg.), *IT und autonome Systeme in der Logistik*, Fachwissen Logistik, https://doi.org/10.1007/978-3-662-66939-6_4

Transportroboter übernehmen die Aufgaben bei dezentral gesteuerten Unstetigfördersystemen. Beide Systemtypen können durch intelligente Ladehilfsmittel unterstützt werden. Mit diesen ist es möglich, dass die Transportbehälter den gesamten Vorgang selbstständig initiieren, einleiten und kontrollieren. Auch eine ortsvariable Kommissionierung mit spontan gebildeten Kommissionierbereichen kann so in Verbindung mit autonomen Fahrzeugen umgesetzt werden [3].

Aufgabe der dezentralen Steuerungsalgorithmen ist die Durchführung von Transportaufträgen durch die lokalen Entscheidungsfindungen der autonomen Einheiten. Gleichzeitig soll im System die Bedienung sämtlicher Prozesse gewährleistet werden. Die Systemkoordination wird durch ein Multiagentensystem gesteuert, das basierend auf dem Einsatz von standardisierten Kommunikationsprotokollen die lokalen Entscheidungen beeinflusst. Dezentral gesteuerte Systeme führen zu einem komplexen Systemverhalten aufgrund der Vielzahl von Entscheidungen der autonomen Einheiten. Dadurch können sich durch den menschlichen Betrachter kaum zu prognostizierende Zusammenhänge ergeben [4]. Eine Weiterentwicklung der dezentralen Systeme sind die selbstorganisierenden Steuerungssysteme. Bei der Selbststeuerung sind die einzelnen Objekte selbst in der Lage, Informationen zu verarbeiten sowie die Entscheidungsfindung und -ausführung zu leisten (Abschn. 4.4). In der Industrie finden verschiedene dezentrale und selbstorganisierende Steuerungssysteme Verwendung (Abschn. 4.5). Eine Übersicht kann [5] entnommen werden.

4.2   Multiagentensysteme

Die Entwicklung und Umsetzung einer agentenbasierten Materialflusssteuerung beruht auf der agentenorientierten Softwareentwicklung (AOSE). Dieses Entwicklungsparadigma kombiniert reale Anforderungen verteilter Systeme mit den theoretischen Lösungen aus dem Bereich der Künstlichen Intelligenz.

Die Anfänge der Agenten lassen sich auf das Actor Model von Carl Hewitt zurückführen [6]. Dieses Modell definiert Akteure als Konzept zur parallelen Verarbeitung in objektorientierten Systemen. Dabei wird der interne Zustand abgekapselt und die Kommunikation findet durch den Austausch von Nachrichten statt. Trotz der bereits jahrzehntelangen Verwendung des Agentenbegriffs in verschiedenen wissenschaftlichen Bereichen gibt es keine einheitliche Definition. In neuen Ansätzen wie AOSE werden häufig schwache Agentendefinitionen verwendet, da diese in der Informationstechnik oft ausreichend sind [2].

Die in diesem Buch verwendete Definition basiert auf Wooldrige und Jennings. Sie haben aus einer Vielzahl von Agenteneigenschaften eine schwache Agentendefinition auf Basis von vier wesentlichen Eigenschaften gebildet [7]:

▶ Ein Agent ist ein Softwareprozess mit den Eigenschaften Autonomie, Sozialfähigkeit, Reaktivität und Proaktivität.

Die vier in der Definition angesprochenen Eigenschaften lassen sich wie folgt konkretisieren:

- Autonomie: Das Verhalten eines Agenten wird nicht durch den direkten Eingriff von Menschen oder anderen Agenten beeinflusst. Der Agent hat bis zu einem gewissen Grad die Kontrolle über seinen internen Zustand und seine Aktionen.
- Sozialfähigkeit: Agenten interagieren mit Menschen oder miteinander, damit sie individuelle Ziele erreichen oder ihren Aktionspartnern dabei helfen können. Es besteht eine Wechselwirkung untereinander.
- Reaktivität: Agenten sind in der Lage, ihre Umgebung (z. B. die physische Welt oder eine Sammlung anderer Agenten) wahrzunehmen und auf eine sich ändernde Umgebung zu reagieren.
- Proaktivität: Agenten können selbstständig Initiative ergreifen und ohne Einflüsse von außen zielgerichtet und vorausschauend handeln.

Neben diesen Eigenschaften können Agenten entweder stationär in einer Systemumgebung ansässig sein oder als mobile Agenten problemlos in andere Umgebungen überführt werden [8].

Werden mehrere solcher Agenten, die gleichartig oder unterschiedlich sein können, kooperativ zur Lösung einer Aufgabe verwendet, spricht man von Multiagentensystemen. In Anlehnung an Ferber [9] lässt sich ein Multiagentensystem wie folgt definieren.

▶ **Definition** Ein Multiagentensystem ist ein Fünftupel $S(M, A, R, F, G)$, bei dem sich jedes Element wie folgt beschreiben lässt:

$M = \{m_1 \ldots m_p\}$ beschreibt eine Menge von Objekten, welche sich in einer Umwelt eines endlichen Volumens befinden. Die Objekte sind situiert, was bedeutet, dass zu einem beliebigen Zeitpunkt jedem Objekt eine Position in der Umwelt zugewiesen werden kann;

$A = \{a_1 \ldots a_q\}$ ist eine Menge von Agenten. Diese repräsentieren aktive Objekte, sodass $A \subseteq M$. Agenten können andere Objekte wahrnehmen, erzeugen, modifizieren und vernichten;

$R \subseteq (M \times M)$ ist eine Relation zwischen den Objekten. R ist in der Regel eine Teilmenge des Kreuzproduktes $M \times M$, da nicht jedes Element mit jedem anderen in einer Beziehung steht;

$F = \{f_1 \ldots f_n\}$ ist eine Menge von Agentenaktionen. Mit Aktionen können Agenten Objekte erzeugen, verändern und vernichten. Formal gesehen ist eine Aktion eine Abbildung auf der Objektmenge;

$G = \{g_1 \ldots g_m\}$ ist eine Menge von Umweltgesetzen. Diese haben die Aufgabe, die Anwendung der Agentenaktionen und die Reaktion der Umwelt auf die entsprechenden Veränderungsversuche darzustellen.

Zu den Vorteilen von Multiagentensystemen zählt vor allem die Tatsache, dass Anlagen mit hoher Dynamik und Komplexität steuerbar sind. Dies geht vor allem mit der Dezentralisierung der Aufgabenbereiche einher, sodass verhältnismäßig einfache Heuristiken für einen robusten und flexiblen Betrieb ausreichen. Um in ein Steuerungssystem Agenten zu integrieren, muss die Abfolge wichtiger Schritte berücksichtigt werden. Diese werden in [8] vorgestellt und sind:

- Definition geeigneter Subprozesse (Kompetenzfestlegung, Black-Box-Betrachtung)
- Softwaretechnische Realisierung (Auswahl einer Agentenplattform, Schnittstellen zu über- und untergelagerten Systemen (Lagerverwaltungssystem o. Ä.), Zeitanforderungen)
- Befähigung der Agenten zum prozessadaptiven Handeln (Zielkriterienformulierung, Kennzahlenerfassung, Bewertung im laufenden Betrieb)
- Implementierung einer Testumgebung (Kopplung von Agenten und Simulationsmodell zur zeitgerafften Emulation der realen Anlage)

Die verschiedenen Agenten eines Multiagentensystems können untereinander in Kontakt treten. Dieser Kontakt kann verschiedene Formen in Abhängigkeit von den Zielen und den Umweltgesetzen annehmen. Dies ist zum einen eine indirekte und zum anderen eine direkte Interaktion. Bei der indirekten Interaktion wird durch die Aktionen der Agenten die gemeinsame Umwelt manipuliert, bei einer direkten Interaktion beeinflussen sich die Agenten gegenseitig. Diese Interaktionen lassen sich in verschiedene Interaktionsarten unterteilen. Bei Ferber werden die Interaktionen anhand dreier Kriterien klassifiziert: Kompatibilität der Ziele, Verfügbarkeit der Ressourcen und Grad der eigenen Kompetenz von Agenten [9].

Durch diese Klassifikation (Tab. 4.1) lassen sich Situationen aus der Materialfluss-steuerung einordnen. Werden Behälter und fördertechnische Einrichtungen in einem Fördersystem als Agenten modelliert, treten sie miteinander in Interaktion. Benötigt bei-spielsweise der Behälteragent Weginformationen von einem Routenagent, spricht man von einer einfachen Kooperation. Konkurrieren zwei Behälter mit derselben Endstelle als Ziel um die Vorfahrt an einem Zusammenführungselement, liegt eine Behinderung vor. Die Aufgabe der agentenbasierten Materialflusssteuerung besteht darin, Zielkonflikte zu lösen und bei knappen Ressourcen Anlagenteile und Einrichtungen kooperativ und effizi-ent zu steuern.

Tab. 4.1 Klassifikation von Interaktionen

Typ der Interaktion	Ziele	Ressourcen	Kompetenz
Unabhängigkeit	kompatibel	ausreichend	ausreichend
Einfache Kooperation	kompatibel	ausreichend	nicht ausreichend
Behinderung	kompatibel	nicht ausreichend	ausreichend
Koordinierte Kooperation	kompatibel	nicht ausreichend	nicht ausreichend
Rein individueller Wettbewerb	inkompatibel	ausreichend	ausreichend
Rein kollektiver Wettbewerb	inkompatibel	ausreichend	nicht ausreichend
Individueller Ressourcenkonflikt	inkompatibel	nicht ausreichend	ausreichend
Kollektiver Ressourcenkonflikt	inkompatibel	nicht ausreichend	nicht ausreichend

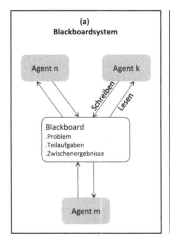

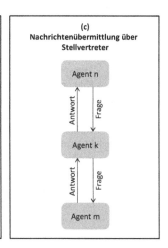

Abb. 4.1 Kommunikationsverfahren in Multiagentensystemen. (In Anlehnung an [10])

Der Begriff Kommunikation wird an dieser Stelle als Synonym für die direkte Interaktion zwischen mehreren Softwareagenten verwendet. In Abhängigkeit von der Architektur lassen sich zwei verschiedene Kommunikationsverfahren in einem Multiagentensystem realisieren: der Austausch über ein Blackboardsystem und die Nachrichtenübermittlung [10].

Bei einem Blackboardsystem schreiben die Agenten ihre Informationen auf ein so genanntes Blackboard (Abb. 4.1a). Jedem Agenten im System stehen diese Informationen nun zur Verfügung und er kann auf das Blackboard zugreifen und prüfen, ob seit dem letzten Zugriff neue Informationen publiziert wurden. Die zentralistische Kommunikationsstruktur kann für stark vernetzte Anwendungen zu einem Hindernis werden.

Die Nachrichtenübermittlung (Abb. 4.1b) bildet eine flexible Grundlage für die Implementierung komplexer Koordinationsstrategien. Allerdings müssen die Nachrichteninhalte und Kommunikationsprotokolle exakt spezifiziert sein und es können komplexe Dialoge mit mehreren Teilnehmern entstehen (Abb. 4.1c).

4.3 Dezentrale Steuerungsalgorithmen

An dieser Stelle werden die beiden dezentralen Ansätze des topologischen Grafen und der Schwarmalgorithmen näher betrachtet. Die Ansätze ermöglichen die Umsetzung der Steuerung von Transportaufträgen. Eine Gegenüberstellung der beiden Ansätze ist in Tab. 4.2 gegeben.

Topologische Grafen
Zur Modellierung von Intralogistiksystemen können topologische Grafen verwendet werden, die Ressourcen und mögliche Transportwege abbilden. Dabei werden in den Knoten

Tab. 4.2 Gegenüberstellung dezentraler Steuerungsalgorithmen

	Topologische Grafen	Schwarmalgorithmen
Merkmale	– Ressourcen und Transportaufträge abbildbar – Knoten und Kanten speichern relevante Informationen	– Bewegungsverhalten durch Zusammenspiel der Schwarmteilnehmer – Ziele des Individuums werden durch Verhaltensweisen abgebildet
Vorteile	– Bewegung im Raum vorhersagbar – Mensch und Maschine können parallel arbeiten	– keine fest definierten Fahrwege – Anpassung an technische Besonderheiten oder anwendungsfallspezifische Restriktionen einfach umsetzbar
Nachteile	– Bewegung der Transportroboter auf Kanten des Grafen beschränkt	– Layout, Lastzustand, Fahrzeugdichte und -typ beeinflussen Verhalten – Leistungsbestimmung mit klassischen Berechnungsmethoden nicht möglich

und Kanten relevante Informationen gespeichert, die grafenbasierte Algorithmen ermöglichen. Aus der Steuerung mittels topologischer Grafen ergibt sich der Vorteil, dass die Bewegungen im Raum vorhersagbar sind. Dadurch können Menschen und Maschinen relativ sicher parallel arbeiten. Voraussetzung ist jedoch, dass die Fahrwege frei sind. Durch die Reservierung von Knoten und Kanten wird die Ressourcennutzung koordiniert. Zeitfensterbasierte Planungsalgorithmen sind in diesem Zusammenhang besonders gut geeignet. Sie geben Aufschluss bezüglich der benötigten Ausführungszeiten und ermöglichen damit eine genaue Sequenzierung oder Termineinhaltung.

Ein Beispiel für ein System auf Basis des Ansatzes der topologischen Grafen ist der Flexsorter (siehe Abschn. 4.5), für den eine Logik zur dezentralen Steuerung von Stetigfördersystemen entwickelt wurde [5]. Die physischen Module des Förderers bilden in diesem System selbst die Knoten des Grafen, die Kanten werden durch die Übergänge zwischen den Modulen abgebildet. Der Einsatz topologischer Grafen in frei verfahrbaren Unstetigförderern wurde am Fraunhofer-Institut für Materialfluss und Logistik (IML) in Dortmund mittels FTF umgesetzt. In diesem Fall wird der topologische Graf auf den Fahrzeugen selbst gespeichert und Änderungen werden kommuniziert [4]. Zeitfensterbezogene Steuerungsansätze sind in [11] und [12] zu finden. Bei diesen wird die Reservierung der Ressourcen kontinuierlich aktualisiert.

Schwarmalgorithmen

Die Nutzung der festen topologischen Grafenstruktur hat jedoch den grundsätzlichen Nachteil, dass die Bewegung der Transportroboter auf die Kanten des Grafen beschränkt ist. Bei Schwarmalgorithmen ist diese Einschränkung nicht gegeben. Das Bewegungsverhalten entsteht hierbei durch das Zusammenspiel der Schwarmteilnehmer und wird nicht beschränkt. Dabei bilden die einzelnen Verhaltensweisen als modularer Bestandteil des Schwarmalgorithmus einzelne Ziele des Individuums ab (z. B. Bewegung zu einem Zielort oder Kollisionsvermeidung). Durch die Beobachtung der lokalen Umgebung und insbesondere anderer Schwarmteilnehmer und die Reaktion durch Anpassung der Geschwindigkeit und der Bewegungsrichtung wird der Schwarm koordiniert. Im Vergleich zu anderen dezentralen Steuerungsmethoden ist der Verzicht auf explizite Kommunikation zur Koordination eine Besonderheit. Beim Schwarmalgorithmus wird dies durch die gegenseitige Beobachtung des Verhaltens der Teilnehmer umgesetzt. Das ursprüngliche Ziel bei der Entwicklung dieser Algorithmen war, das natürliche Schwarm- und Herdenverhalten der Tiere in der Natur nachzubilden [13].

Für intralogistische Systeme lassen sich vereinfacht die einzelnen Verhaltensweisen des Schwarmalgorithmus mit Verkehrsregeln vergleichen. Dabei wird für einen Großteil der auftretenden Situationen im Normalbetrieb ein reibungsfreier Verkehrsablauf durch Beobachtung der lokalen Umgebung mit möglichst geringem Kommunikationsaufwand ermöglicht. Vorteilhaft bei der Verwendung von Schwarmalgorithmen in der Intralogistik ist, dass im Regelfall alle zur Verfügung stehenden Freiflächen nutzbar sind und keine fest definierten Fahrwege benötigt werden. Da sich die Schwarmteilnehmer kontinuierlich und selbstständig auf Situationen einstellen können, wird der Einsatz in unbekannten Umgebungen und die Reaktion auf unvorhersehbare Ereignisse oder Störungen begünstigt [4].

Ein zusätzlicher Vorteil ist, dass durch ihren spezifischen, modularen Aufbau zusätzliche Verhaltensweisen einfach hinzugefügt werden können, ohne dabei die bereits existierenden Verhaltensweisen verändern zu müssen. Dadurch wird eine Anpassung an technische Besonderheiten und anwendungsfallspezifische Restriktionen wie etwa nicht befahrbare Bereiche, Sicherheitsabstände oder technische Fahrzeugbeschränkungen ermöglicht [4].

Ein Nachteil von Schwarmalgorithmen ist, dass sie stark von Layout, Lastzustand sowie Fahrzeugdichte und -typ beeinflusst werden. Zudem ist eine Leistungsbestimmung mit klassischen Berechnungsmethoden nicht möglich, da sich das emergente Schwarmverhalten nicht vorhersagen lässt. Zusätzlich wird für die Programmierung einer Schwarmsteuerung eine spezielle Entwicklungsumgebung benötigt, im Besonderen eine geeignete Simulation des Zusammenspiels der Schwarmteilnehmer [4].

4.4 Selbstorganisierende Steuerungssysteme

Eine Weiterentwicklung der dezentralen Systeme sind die selbstorganisierenden Steuerungssysteme. Bei der Selbststeuerung sind die einzelnen Objekte selbst in der Lage, Informationen zu verarbeiten sowie die Entscheidungsfindung und -ausführung zu leisten. In diesem Buch wird der Definition des Sonderforschungsbereichs 637 „Selbststeuerung logistischer Prozesse – Ein Paradigmenwechsel und seine Grenzen" für den Begriff der Selbststeuerung gefolgt. Diese Definition besagt:

▶ „Selbststeuerung logistischer Systeme beschreibt Prozesse dezentraler Entscheidungsfindung in heterarchischen logistischen Strukturen. Sie setzt voraus, dass integrierende, heterogene Elemente in nicht-deterministischen Systemen die Fähigkeit und Möglichkeit zum autonomen Treffen von Entscheidungen besitzen, um ihre logistische Zielstellung zu erfüllen." [14]

Basierend auf dieser Definition werden in diesem Abschnitt beispielhaft die folgenden vier Selbststeuerungsmethoden vorgestellt: Ant Colony-Based Approach (ANT), Pheromone-Based Self-Control (PH), Contract Net Protocol-Based Method (CNP) und Holonic Manufacturing (HOLONIC). Eine umfassendere Auflistung bestehender Steuerungsmethodiken ist in [15] zu finden.

Ant Colony-Based Approach

Basierend auf dem Prozess der Futtersuche von Ameisen wurde die ANT-Selbststeuerungsmethode analog entwickelt [16]. Ameisen verwenden sogenannte Pheromone. Dies sind über den zeitlichen Verlauf kontinuierlich verdampfende Duftstoffe. Diese Duftstoffe werden von der Ameise auf dem Rückweg von einer Futterquelle als Information für nachfolgende Ameisen hinterlassen. Nachfolgende Ameisen orientieren sich anschließend an der Pheromonspur mit der höchsten Konzentration, da dies der kürzeste Weg zur Futterquelle ist. Auf diese Weise wird der kürzeste Weg so lange von Ameisen genutzt, bis die Futterquelle aufgebraucht ist. In diesem Fall startet die Ameise eine zufallsbasierte Umgebungssuche nach neuem Futter. So ist es möglich, dass sie in der Gemeinschaft eine Aufgabe bewältigt, wozu sie als Individuum nicht in der Lage gewesen wäre [17].

Wird diese Methode auf die Materialflusssteuerung übertragen, eignet sie sich primär für das eigenständige Routing von intelligenten Ladungsträgern. Dabei muss zwischen mehreren alternativen Prozessketten, die für die Fertigung zur Verfügung stehen, entschieden werden. Die intelligenten Ladungsträger legen dafür digitale Pheromone für den Kommunikationsmechanismus aus. So können die Prozessketten mit starker Konzentration als besonders geeignet ausgebildet werden. Außerdem besteht die Möglichkeit, dass auch Maschinen Pheromone auslegen, um die Ladungsträger auf eine geringe Auslastung und somit schnelle Produktionsmöglichkeit hinzuweisen [17].

Pheromone-Based Self-Control

Vergleichbar mit dem ANT verwendet die PH-Methode ebenfalls digitale Pheromone zur Kommunikation. Dabei werden allerdings lokale Pheromonmarkierungen hinterlassen und nicht wie bei der ANT-Methode sich über den kürzesten Weg erstreckende Pheromonspuren. Sie wird unter anderem für die Auswahl der nächsten Arbeitsstation eines Produktionsauftrags genutzt. Dabei hängt die Konzentration der hinterlassenen Markierung von der Durchlaufzeit ab. Bei einer kurzen Durchlaufzeit wird eine höhere Konzentration hinterlassen. Somit können nachfolgende Ladungsträger die vorhandenen Konzentrationen vergleichen und die Arbeitsstation mit der kürzesten Durchlaufzeit auswählen [18].

Contract Net Protocol-Based Method

Die CNP-Methode gehört zu den marktbasierten Methoden. Sie beschreibt die Interaktionsstruktur und den übergeordneten Kommunikationsinhalt aktiver Entitäten in einer Produktionsumgebung. Dabei können die aktiven Entitäten die Rolle des Initiators bzw.

des Teilnehmers als Hauptrolle einnehmen. Die Methode basiert auf der dezentralen Interaktion zwischen diesen Initiatoren und den Teilnehmern. Die Teilnehmer geben basierend auf ihren Umweltinformationen Angebote an die Initiatoren ab, diese wiederum wählen das für sich optimale Angebot aller Teilnehmer aus. Diese Struktur wird auch als Angebotsmechanismus bezeichnet [15]. Eine detailliertere Beschreibung des Ablaufs der Methode ist bei [15] zu finden.

Holonic Manufacturing

Bei der HOLONIC-Selbststeuerungsmethode kommen sogenannte Holone zum Einsatz. Diese repräsentieren als virtuelle Softwareagenten physische Entitäten. Innerhalb einer Produktionsumgebung stellen die Holone eine autonom sowie dezentral agierende Einheit dar, sie fungieren aber gleichzeitig als Bestandteil eines übergeordneten Holons. Die Auswahl einer Ressource für den nachfolgenden Prozess basiert auf einem Vergleich der Prozesszeiten. Dieser Vergleich findet auf der Ebene der Holone statt, die die Ressourcen repräsentieren. Daneben können aber auch Elemente wie Maschinen, Produkte oder FTS als Holone abgebildet werden. So erhalten sie autonome und kooperative Eigenschaften [19].

4.5   Beispiele für dezentrale und selbststeuernde Systeme

In der Praxis gestaltet sich die Abgrenzung zwischen zentraler Steuerung, dezentraler Steuerung und selbststeuernden Systemen schwierig, da sie immer von den zugrunde liegenden Definitionen abhängig ist. Zudem ist die Abgrenzung davon abhängig, an welcher Stelle im System die Grenze gezogen wird. Dies ist zum Beispiel der Fall bei einem FTS, das selbstständig die Routenplanung durchführt, aber von einem zentralen Materialflussrechner die Transportaufträge erhält. Betrachtet man an dieser Stelle nur das FTS, ist es ein selbststeuerndes System. Wird in die Betrachtung aber auch die Zuteilung der Transportaufträge miteinbezogen, ist dies nicht mehr der Fall, da zentral entschieden wird, welches FTS von einer bestimmten Quelle zu einer bestimmten Senke fährt. Die Schwierigkeit dieser Abgrenzung lässt sich auch bei den Herstellern solcher Systeme sehen, bei denen oft nicht ersichtlich ist, ob ein System dezentral oder selbststeuernd ist und diese Begriffe teilweise auch synonym verwendet werden. In den nachfolgenden Abschnitten werden verschiedene Systeme aus der Industrie und Wissenschaft beispielhaft aufgezeigt.

FlexConveyor

Der FlexConveyor wurde im Rahmen einer Forschungsarbeit entwickelt [20]. Er ist ein quadratisches Fördermodul, bestehend aus einem Rollenförderer für die Bewegung auf der Primärachse und einem Bandförderer für die Bewegung auf der Sekundärachse. Diese Bandförderer lassen sich auf die Förderebene anheben. Dadurch werden auf dem Flex-Conveyor zwei Bewegungsrichtungen realisiert. Jedes Modul ist mit einer Recheneinheit ausgestattet.

Um ein vollständiges Fördersystem zu erhalten, können mehrere Module beliebig miteinander verbunden werden. Diese Verbindung ist physisch, elektrisch und elektronisch. Jedes Modul hat eine eigene Steuerung und kommuniziert mit seinen Nachbarn für die Entscheidungsfindung, somit findet die Steuerung komplett dezentral statt. Für jedes in das System eintretende Packstück wird eine Route von der Quelle bis zur Senke reserviert, um entgegengesetzte Routen auf den bidirektionalen Fördermodulen zu verhindern [5, 20].

Cognitive Conveyor

Der Cognitive Conveyor besteht aus dezentral gesteuerten kleinskaligen Modulen. Jedes Modul verfügt über eine schwenkbare Rolle, deshalb müssen mehrere Module sich dynamisch verändernde Gruppen formen, um Transporteinheiten transportieren zu können. So wird es möglich, beliebige Transportaufgaben zu realisieren. Auch hier werden vorher geplante Routen auf den Modulen reserviert, um Blockaden zu vermeiden. Das System kann neben der Hauptaufgabe des Transportierens auch Transporteinheiten puffern oder sequenzieren [21]. Bei [22] wird der Steuerungsalgorithmus beschrieben, mit dem die Route der Packstücke reserviert werden.

GridSorter

Der GridSorter basiert auf der Idee des FlexConveyors, jedoch ist das Ziel des Systems die Sortierung von Ladeeinheiten auf verschiedene Senken und nicht der Transport von Ladeeinheiten von der Quelle zur Senke. Das System besteht weiterhin aus den quadratischen Modulen, diese Module werden jedoch in einer deutlich größeren Dichte miteinander kombiniert. Um die Sortierung der Ladeeinheiten auf verschiedene Senken möglichst modul- und platzeffizient zu gestalten, wird das Netzwerk so dicht wie möglich aufgebaut. Dadurch entsteht eine netzartige Netzwerktopologie [5].

Agentenbasierte Steuerung für Elektrohängebahnsysteme

Eine Elektrohängebahn besteht aus zwangsgeführten, einzeln angetriebenen Fahrzeugen und einem flurfreien Streckennetz aus Fahrschienen und verschiedenen Arten von Verzweigungen, Zusammenführungen und Hubeinrichtungen. [23] führt eine Modularisierung einer solchen Elektrohängebahn (EHB) und der anknüpfenden Fördermodule durch. Die Steuerung findet dabei agentenbasiert statt. Dabei wird jede Ressource von einem Agenten repräsentiert. Die zu fahrenden Routen werden dabei reserviert, um aufgrund der Fahrtrichtungen Kollisionen zu vermeiden. Dabei berechnet jedes Fahrzeug den kürzesten Weg und kommuniziert diesen an die anderen Fahrzeuge. Die Kommunikation zwischen den Agenten findet über ein Blackboard statt. So ist das System in der Lage, Transporte ohne zentrale Steuerung zu organisieren und durchzuführen. Auch auf dynamische Bedingungen wie die Anzahl der Fahrzeuge im System oder Ausfälle von Weichen oder Strecken kann flexibel reagiert werden.

Loadrunner

Ein Beispiel für den Aufbau selbstorganisierender Steuerungsysteme in der Intralogistik bietet die aktuelle Entwicklung Loadrunner vom Fraunhofer IML. Die Steuerung dieser Transportroboter basiert auf einer Schwarmintelligenz – das heißt, dass die Fahrzeugschwärme sich selbst organisieren und selbstständig mit Menschen oder anderen intralogistischen Komponenten interagieren können. Das Steuerungskonzept für diese Fahrzeugschwärme basiert auf einer IT-Architektur für cyberphysische Systeme in Kombination mit modernen Mobilfunktechnologien und stellt somit die Lernfähigkeit als integralen Bestandteil der Materialflusssteuerung dar [4]. Mithilfe von Reinforcement Learning erlernen die einzelnen Transportroboter des Schwarms eine Verhaltensweise durch die Interaktion mit ihrer Umgebung. Für die Steuerung des logistischen Prozesses greift das übergeordnete logistische Transportverhalten eines Transportroboters auf die einfachen Verhaltensweisen zurück und kann diese aktivieren, deaktivieren oder dynamisch verändern. Das übergeordnete logistische Transportverhalten wird in [4] wie folgt dargestellt: Die Basis für die Schwarmsteuerung bilden die allgemeinen Verhaltensweisen. Diese werden in individuelles Verhalten (Wandern, Verfolgen, Rasten und Einzäunen) und in kollektives Verhalten (Trennen, Angleichen und Zusammenhalten) unterteilt. Darüber hinaus sind das roboterspezifische Verhalten und die Sequenzierung für eine erfolgreiche Schwarmsteuerung zu berücksichtigen. In Kombination mit den Erkenntnissen aus der Virtualisierung und Lernfähigkeit der Materialflusssteuerung kann die Schwarmsteuerung somit zur Selbstorganisation des Intralogistiksystems beitragen.

Servus Transportroboter ARC3

Ein weiteres Beispiel für ein dezentrales und selbststeuerndes System ist der intelligente und autonome Servus Transportroboter ARC3. Dieser kann individuell nach Größe, Leistung und Lademittel konfiguriert werden und bietet so die Möglichkeit, nahezu alles zu transportieren (z. B. Kartons, Boxen, Schüttgut, kundenspezifische Werkstücke). Durch die integrierten Lademittel kann er außerdem entlang der Strecke selbstständig be- und entladen. Mithilfe von hochfrequenter Funktechnologie werden die Kundenaufträge übermittelt und autonom vom ARC3 auf dem kürzesten Weg erledigt. Einen dezentralen Aspekt erhält das System durch Assistenten wie Heber oder Weichen. Dadurch wird eine einfache Anbindung dezentraler Lagerorte, Montage- oder Kommissionierplätze erlaubt. Dank dieser und weiterer Eigenschaften ist es mit dem „Servus System" und dem dazugehörigen ARC3 möglich, alle intralogistischen Prozesse (Wareneingang, Lager, Produktion, Montage, Kommissionierung etc.) effizient, flexibel und autonom zu gestalten [24].

Kiva-Prinzip

Das im Jahr 2012 von Amazon übernommene und mittlerweile in Amazon Robotics umbenannte Unternehmen Kiva Systems ist maßgeblich an der Entwicklung von autonomen Ware-zur-Person-Kommissioniersystemen beteiligt. Bei dem Kiva-Prinzip fahren autonome Roboterschwärme bewegliche Regale zu den Kommissionierstationen, um sie anschließend wieder in das Lager zurück oder zu einer anderen Station zu transportieren.

Dies ermöglicht im Gegensatz zu AKLs und Shuttle-Konzepten eine hohe Skalierbarkeit, einfache Installation und flexible Anpassbarkeit an das Artikel- und Auftragsspektrum. Wurll [25] gibt in seiner Veröffentlichung einen Überblick über die aktuellen Entwicklungen in diesem Bereich.

Die Verwaltung und Steuerung des gesamten Roboterschwarms sowie die Synchronisation der einzelnen Fahraufträge sind in dieser Art von Kommissioniersystemen herausfordernd. Die Steuerung von Kiva Systems basiert nach Wurman et al. [26] auf einem Multiagentensystem, in dem mithilfe des A*-Algorithmus die Pfadfindung und -planung ausgeführt wird. Weiterhin wird in [25] eine Literaturübersicht über genutzte Algorithmen zur Pfadfindung von mobilen Roboterschwärmen aufgezeigt.

KNAPP – Open Shuttles

Die Open Shuttles bewegen sich mithilfe von innovativer Navigationstechnik völlig selbstständig auf der freien Fläche – ohne Induktionsstreifen oder Fahrschienen. Mithilfe von Lasernavigation und ausgefeilter Sensortechnik tasten die Open Shuttles ihre Umgebung ab. Durch diese natürliche Konturenerkennung wissen sie jederzeit, wo sie sich befinden. Die Open Shuttles reagieren dynamisch auf ihre Umgebung, bewegen sich selbstständig durch das Lager, weichen Hindernissen aus und planen alternative Fahrrouten. Damit verbinden die Open Shuttles maximale Personensicherheit mit maximaler Flexibilität: So ist auch ein Einsatz in stark frequentierten Lagerbereichen möglich.

Das KNAPP-Flottenmanagementsystem ermöglicht die zentrale Verwaltung und Überwachung der Open Shuttles. Neue Routen oder Prozesse lassen sich einfach und innerhalb weniger Minuten über das Flottenmanagement festlegen. Durch ihre Eigen- und Schwarmintelligenz sind die Open Shuttles immer dort, wo die Arbeit ist. Sie kommunizieren miteinander und verteilen die Aufgaben selbstständig untereinander. Mit ihrer Umgebung kommunizieren die Open Shuttles über ein Sprachmodul: So wird das Lager zu einem High-Tech-Arbeitsumfeld, in dem Mensch und Maschine Hand in Hand arbeiten.

Durch die oben genannten Eigenschaften und Funktionen sind Open Shuttles vielfältig einsetzbar. Mögliche Arbeitsplätze können sich daher in der Kommissionierung, der Produktion oder bei Retouren finden. Besonders die hohe Intelligenz, Konfigurierbarkeit und Flexibilität sprechen für den Einsatz des Systems im innerbetrieblichen Transport [27].

Literatur

1. Günthner, W., ten Hompel, M. hrsg: Internet der Dinge in der Intralogistik. Springer Berlin Heidelberg, Berlin, Heidelberg (2010)
2. Libert, S.: Beitrag zur agentenbasierten Gestaltung von Materialflusssteuerungen. Verl. Praxiswissen, Dortmund (2011)
3. Emmerich, J., Roidl, M., Bich, T., ten Hompel, M.: Entwicklung von energieautarken, intelligenten Ladehilfsmitteln am Beispiel des inBin. Volume 2012. Issue (2012). https://doi.org/10.2195/LJ_PROC_EMMERICH_DE_201210_01

4. Murrenhoff, A., Roidl, M., ten Hompel, M.: Steuerungskonzept für virtualisierte und lernfähige Materialflusssysteme. Logistics Journal: Proceedings. 2019, (2019). https://doi.org/10.2195/lj_Proc_murrenhoff_de_201912_01

5. Seibold, Z.: Logical Time for Decentralized Control of Material Handling Systems, https://publikationen.bibliothek.kit.edu/1000057838

6. Hewitt, C.: Viewing control structures as patterns of passing messages. Artificial Intelligence. 8, 323–364 (1977). https://doi.org/10.1016/0004-3702(77)90033-9

7. Wooldridge, M.J., Jennings, N.R.: Intelligent Agents: Theory and Practice, https://eprints.soton.ac.uk/252102/, (1995)

8. Trautmann, A.: Multiagentensysteme im Internet der Dinge — Konzepte und Realisierung. In: Bullinger, H.-J. und ten Hompel, M. (hrsg.) Internet der Dinge. S. 281–294. Springer Berlin Heidelberg, Berlin, Heidelberg (2007)

9. Ferber, J.: Multiagentensysteme: eine Einführung in die verteilte künstliche Intelligenz. Addison-Wesley (2001)

10. Brenner, W., Zarnekow, R., Wittig, H.: Intelligente Softwareagenten: Grundlagen und Anwendungen, unter Mitarbeit von C. SCHUBERT, Berlin, Heidelberg, New York. (1998)

11. Blesing, C., Luensch, D., Stenzel, J., Korth, B.: Concept of a Multi-agent Based Decentralized Production System for the Automotive Industry. In: Demazeau, Y., Davidsson, P., Bajo, J., und Vale, Z. (hrsg.) Advances in Practical Applications of Cyber-Physical Multi-Agent Systems: The PAAMS Collection. S. 19–30. Springer International Publishing, Cham (2017)

12. ter Mors, A.W., Witteveen, C., Zutt, J., Kuipers, F.A.: Context-Aware Route Planning. In: Dix, J. und Witteveen, C. (hrsg.) Multiagent System Technologies. S. 138–149. Springer Berlin Heidelberg, Berlin, Heidelberg (2010)

13. Reynolds, C.W.: Flocks, herds and schools: A distributed behavioral model. In: Proceedings of the 14th annual conference on Computer graphics and interactive techniques – SIGGRAPH '87. S. 25–34. ACM Press, Not Known (1987)

14. Wycisk, C.: Flexibilität durch Selbststeuerung in logistischen Systemen. Springer (2009)

15. Zeidler, F.: Beitrag zur Selbststeuerung cyberphysischer Produktionssysteme in der auftragsbezogenen Fertigung, (2019)

16. Scholz-Reiter, B., De Beer, C., Freitag, M., Jagalski, T.: Bio-inspired and pheromone-based shop-floor control. International journal of computer integrated manufacturing. 21, 201–205 (2008)

17. Teschemacher, U., Hees, A., Reinhart, G.: Produktionsorganisation für die Herstellung kundeninnovierter Produkte. ZWF Zeitschrift für wirtschaftlichen Fabrikbetrieb. 109, 16–19 (2014)

18. Windt, K., Jeken, O., Becker, T.: Selbststeuerung in der Produktion. ZWF Zeitschrift für wirtschaftlichen Fabrikbetrieb. 105, 439–443 (2010)

19. Zbib, N., Pach, C., Sallez, Y., Trentesaux, D.: Heterarchical production control in manufacturing systems using the potential fields concept. Journal of Intelligent Manufacturing. 23, 1649–1670 (2012)

20. Mayer, S.H.: Development of a completely decentralized control system for modular continuous conveyor systems. Univ.-Verl. Karlsruhe, Karlsruhe (2009)

21. Kruhn, T., Radosavac, M., Shchekutin, N., Overmeyer, L.: Decentralized and dynamic routing for a Cognitive Conveyor. In: 2013 IEEE/ASME International Conference on Advanced Intelligent Mechatronics. S. 436–441. IEEE, Wollongong, NSW (2013)

22. Krühn, T.: Dezentrale, verteilte Steuerung flächiger Fördersysteme für den innerbetrieblichen Materialfluss. PZH-Verl., TEWISS – Technik und Wissen GmbH, Garbsen (2015)

23. Chisu, R., Kuzmany, F., Günthner, W.A.: Realisierung einer agentenbasierten Steuerung für Elektrohängebahnsysteme. In: Günthner, W. und ten Hompel, M. (hrsg.) Internet der Dinge in der Intralogistik. S. 263–274. Springer Berlin Heidelberg, Berlin, Heidelberg (2010)

24. Schneider, M., Beer, C.: Das Injektionsprinzip Effizienzsteigerung durch Kombination von Lean und innovativer Materialflusstechnik. wt Werkstatttstechnik online. 418–422 (2014)

25. Wurll, C.: Das bewegliche Lager auf Basis eines cyber-physischen Systems. In: ten Hompel, M., Bauernhansl, T., und Vogel-Heuser, B. (hrsg.) Handbuch Industrie 4.0: Band 3: Logistik. S. 41–79. Springer Berlin Heidelberg, Berlin, Heidelberg (2020)

26. Wurman, P.R., D'Andrea, R., Mountz, M.: Coordinating Hundreds of Cooperative, Autonomous Vehicles in Warehouses. AIMag. 29, 9 (2008). https://doi.org/10.1609/aimag.v29i1.2082

27. Knapp AG: Ein fahrerloses Transportsystem für Flexibilität im Lager: Open Shuttle, https://www.knapp.com/open-shuttle-ein-fahrerloses-transportsystem/

Mensch-Technik-Interaktion und Social Networked Industry

5

Felix Feldmann, Hülya Bas und Christopher Reining

5.1 Die Rolle des Menschen: Warum ist er für die moderne Logistik relevant?

Der Übergang zur Industrie 4.0 wird seitens der Gesellschaft mit Blick auf die Arbeitswelt mit Sorge beobachtet. Die Menschen fürchten um ihren Arbeitsplatz, wenn durch die Maschinen- und Roboterintegration manuelle Tätigkeiten weiter automatisiert werden. Auf die Frage der Notwendigkeit des Menschen bei steigender Automatisierung geben Wischmann und Hartmann jedoch an, dass für die Zukunft „[…] deutlich öfter von einem Mehr- als von einem Minderbedarf an Arbeitskräften […]" ausgegangen wird [1, S. 11]. Begründet wird dies mit der höheren Komplexität neuer Aufgaben, welche sich durch die steigende Automatisierung ergibt [1]. Somit wird der Aufgabenbereich des Menschen nicht durch Maschinen ersetzt, sondern verschoben und erweitert. Ein vollständiger Verzicht auf menschliche Arbeitskräfte ist weder technologisch noch wirtschaftlich erstrebenswert [2, 3]. „[…] [I]m Gegensatz zum CIM-Ansatz der 80er-Jahre wird in einer Industrie 4.0 nicht eine Entwicklung hin zu menschenleeren Produktionsanlagen angestrebt – vielmehr soll der Mensch unter optimalem Einsatz seiner ureigenen Fähigkeiten in das cyber-physische Gefüge eingebunden werden" [4, S. 525].

Der Vorteil manueller (Sub-)Systeme zeigt sich insbesondere in den sensorischen Fähigkeiten des Menschen sowie durch seine Fähigkeit, intuitiv auf Schwankungen und

F. Feldmann (✉) · C. Reining
Technische Universität Dortmund, Dortmund, Deutschland
E-Mail: christopher.reining@tu-dortmund.de

H. Bas
Technische Universität Dortmund, Dortmund, Deutschland
E-Mail: huelya.bas@tu-dortmund.de

© Der/die Autor(en), exklusiv lizenziert an Springer-Verlag GmbH, DE, ein Teil von Springer Nature 2023
M. ten Hompel (Hrsg.), *IT und autonome Systeme in der Logistik*, Fachwissen Logistik, https://doi.org/10.1007/978-3-662-66939-6_5

unvorhergesehene Situationen zu reagieren [5–7]. Nach Hofer führt selbst eine Teilauto-
matisierung zu einem höheren Bedarf an Mitarbeitern für manuelle Arbeitsschritte, um
den durch die Automatisierung erhöhten Takt zu halten [8]. Auch Marktführer der Logistikbranche rechnen nicht damit, dass in naher Zukunft eine Vollautomatisierung eines
Kommissionierlagers für heterogene Sortimente möglich ist [9]. Das liegt nicht allein an
einem Mangel technischer Konzepte, sondern geht auch mit der Notwendigkeit neuer,
spezialisierter Facharbeiter einher, die für die Wartung dieser voll automatisierten Anlagen
benötigt werden [10].

5.2   Begriffsdefinitionen MTI und soziotechnische Systeme

Zur Verdeutlichung der Herausforderungen, der Komplexität und der Entwicklung von
MTI werden in diesem Abschnitt die Begriffe MTI und soziotechnische Systeme definiert
(siehe auch Abb. 5.1). Im Alltag sowie in der Arbeitswelt treffen wir auf verschiedene
Arten von Technik. Die Betrachtung der Beziehungen und Abhängigkeiten zwischen
Mensch und Technik aus organisatorischer Sichtweise und auch basierend auf pädagogi-
schen und kulturellen Aspekten ist Gegenstand von soziotechnischen Systemen [11]. Ein
soziotechnisches System beschreibt ein Gesamtsystem mit technologischen, organisatori-
schen und personellen Komponenten [12].

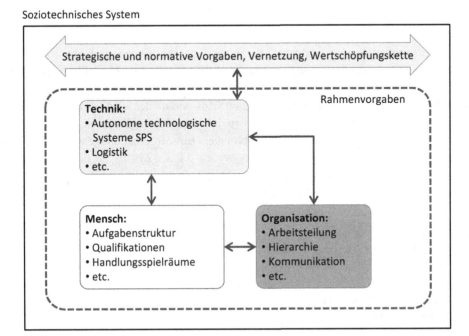

Abb. 5.1 Industrie 4.0 als soziotechnisches System. (In Anlehnung an [13])

Damit ein soziotechnisches System zufriedenstellend funktionieren kann, sollten die sozialen und technischen Komponenten zusammengeführt und als voneinander abhängige Aspekte eines Arbeitssystems behandelt werden [14]. In Anlehnung an [14] kann ein soziotechnisches System nur dann zufriedenstellend funktionieren, wenn das ‚Soziale' und das ‚Technische' zusammengeführt und als voneinander abhängige Aspekte eines Arbeitssystems behandelt werden [15]. Das soziale und das technische Teilsystem werden jeweils für sich und in Beziehung zueinander analysiert sowie gemeinsam gestaltet. Die innerhalb eines Arbeitssystems beschäftigten Personen bilden das soziale Teilsystem. Das technische Teilsystem besteht aus von Menschen generierten Artefakten. Betriebsmittel sowie die technischen und räumlichen Arbeitsbedingungen bilden das technische Teilsystem. Dabei können sie sowohl als geschlossene und vollständige Systeme angesehen werden als auch für die Interaktion mit anderen technischen Systemen ausgelegt sein. Soziotechnische Systeme werden als offene und dynamische Systeme bezeichnet, da sie Inputs aus der Umwelt erhalten und Outputs an sie geben. Soziotechnische Systeme zielen auf die gemeinsame Optimierung sozialer und technischer Systeme ab [16, 17].

Neue Technologien dienen nicht allein der Verbesserung einzelner Arbeitsplätze, Tätigkeiten und der Qualifikationen individueller Personen, sondern zur Verbesserung des Gesamtsystems und seiner Komponenten. Die einzelnen Systemkomponenten werden zu einem aufeinander abgestimmtem Gesamtsystem zusammengeführt. Das soziotechnische System ist mit übergeordneten strategischen Vorgaben verknüpft und wird als ein Element im Gesamtprozess einer Wertschöpfungskette betrachtet. Eine neue Entität entsteht durch die Verbindung von Flexibilität mit kreativen Problemlösungsprozessen des Menschen und hoher Präzision und Leistung der Technik. Diese Entität kann als Realisierung eines abstrakten Handlungssystems inklusive Ziel-, Informations- und Ausführungssystem gesehen werden [18]. Im Fokus steht die Kommunikation und Interaktion zwischen Mensch und Technik, da eine ganzheitliche Betrachtung bei der Entstehung soziotechnischer Systeme gefordert wird [19, 15].

Die Mensch-Technik-Interaktion, auch als Mensch-Maschine-Interaktion bekannt, bezeichnet die qualifikationsorientierte Gestaltung der Schnittstelle zwischen Mensch und Technik. Die Technik wird nicht mehr als passives Objekt betrachtet, sondern nimmt in digitalen Systemen die Rolle des „handlungsfähigen" Agenten ein (z. B. [20]). Die sogenannte „Social Networked Industry" bietet neue Formen der Interaktion zwischen Mensch und Technik. Über soziale Netzwerke kommunizieren täglich Menschen und im Internet der Dinge tauschen technische Systeme Informationen und Aufträge miteinander aus. Neben dem Privatleben wird auch das Berufsleben von Technik beeinflusst. Beispiele für Technik im Berufsleben sind Produktionsmaschinen, Fahrerlose Transportfahrzeuge oder Wearables. Auch aus Sicht der Logistik spielt die Interaktion zwischen Mensch und Technik eine immer größere Rolle. Beispiele dafür sind aktuelle Themen der Logistikforschung wie fahrerlose, teil-autonome Transportfahrzeuge und Schwärme, intelligente Ladungsträger und interaktive Displays, die ihre Umwelt selbstständig wahrnehmen. Dabei steht die Kombination der menschlichen Stärken, wie Flexibilität und kreative Problemlösung, mit den Stärken der Technik, wie hoher Präzision und Leistung, im Zen-

trum der Betrachtung. Die technischen Systeme werden in soziotechnische Systeme um-
gewandelt, bestehend aus den Komponenten Mensch, Technologie und Organisation.
Somit entstehen neue Kommunikations- und Interaktionswege zwischen Mensch und
Technik. Für die erfolgreiche Interaktion zwischen Mensch und Technik wird ein interdis-
ziplinärer Austausch über die gesamten Lebensphasen eines Systems vorausgesetzt [21].
Laut [22] stellt die Interaktion zwischen Mensch und Technik ein interdisziplinäres
Forschungsfeld, bestehend aus Systemtechnik, Softwaretechnik sowie Ergonomie und ko-
gnitiven Wissenschaften, dar. Die Kriterien der Kontextsensitivität, Adaptivität sowie
Komplementarität sind im Rahmen der qualitätsorientierten Gestaltung der Schnittstelle
zwischen Maschine und Technik zu beachten. Auf diese Kriterien wird nachfolgend näher
eingegangen.

Aspekte einer ergonomisch orientierten Anpassung von digitalen Systemen an spezifische Arbeitsbedingungen und Belastungen werden von der Kontextsensitivität und
Adaptivität umfasst. Gegebenenfalls wird eine Belastungskontrolle systematisch oder
werden belastende Tätigkeiten automatisch durchgeführt. Zur Sicherung eines störungs-
freien Arbeitsflusses und zur Vermeidung Stress auslösender und belastender Unterbrechungen werden situationsspezifisch angepasste Daten bereitgestellt. Außerdem
besteht die Möglichkeit, Informations- und Assistenzsysteme an unterschiedliche Quali-
fikationsniveaus intelligent anzupassen. Somit können Lern- und Qualifizierungsprozesse
technologisch und kontinuierlich umgesetzt werden [15].

Komplementarität betrachtet zwei zentrale Punkte der Mensch-Technik-Interaktion:
Diese sind die flexible, situationsspezifische Funktionsteilung zwischen Mensch und
Technik und die Voraussetzungen für eine hinreichende Transparenz und Kontrollierbar-
keit des Systems durch die Beschäftigten. Intuitiv bedienbare und schnell erlernbare Anlagen sowie ein zielgerichteter und situationsspezifischer Zugang zu digitalen Informationen in Echtzeit sind für eine sichere MTI relevante Aspekte (vgl. auch [15, 23]).

Innovative soziotechnische Systeme zur Interaktion zwischen Mensch und Technik erfordern ein einheitliches Verständnis der MTI [21].

5.3   Klassifizierung der Mensch-Technik-Interaktion

In diesem Abschnitt werden bestehende Klassifizierungsansätze auf die MTI angewandt
(siehe Abb. 5.2). Da die einzelnen Klassifizierungsansätze oft nur einzelne Aspekte betrachten, werden diese abschließend zu einer Übersicht zusammengefasst. Dies dient einer
ganzheitlichen Betrachtung dieses Themenkomplexes und zeigt auf, dass parallel zur Ausführung eines Arbeitsschrittes verschiedene Interaktionen zwischen Mensch und Technik
stattfinden können. Hierfür spielen vor allem der Anwendungsfall und der Prozessschritt
eine große Rolle.

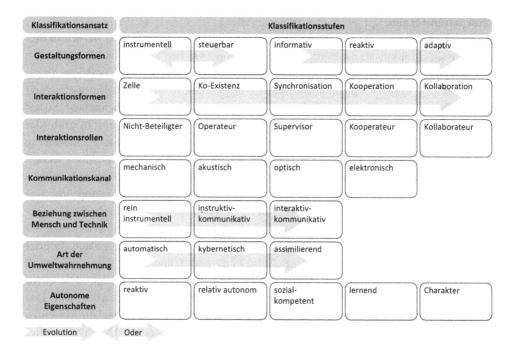

Klassifikationsansatz	Klassifikationsstufen				
Gestaltungsformen	instrumentell	steuerbar	informativ	reaktiv	adaptiv
Interaktionsformen	Zelle	Ko-Existenz	Synchronisation	Kooperation	Kollaboration
Interaktionsrollen	Nicht-Beteiligter	Operateur	Supervisor	Kooperateur	Kollaborateur
Kommunikationskanal	mechanisch	akustisch	optisch	elektronisch	
Beziehung zwischen Mensch und Technik	rein instrumentell	instruktiv-kommunikativ	interaktiv-kommunikativ		
Art der Umweltwahrnehmung	automatisch	kybernetisch	assimilierend		
Autonome Eigenschaften	reaktiv	relativ autonom	sozial-kompetent	lernend	Charakter

Evolution   Oder

Abb. 5.2 Klassifikationsansatz der Mensch-Technik-Interaktion. (In Anlehnung an [24])

Gestaltungsformen

Für die Klassifizierung nach Gestaltungsformen liefern die Autoren in [25] folgenden Ansatz, der die Art der MTI in vier Formen unterschiedet: Die erste Form lautet informativ und beschreibt neben einseitiger Technik, wie beispielsweise analogen und digitalen Anzeigen, ebenfalls zweiseitige Technik, wie Computer oder Tablets. Die zweite Form wird reaktiv genannt und kann beispielsweise durch Systemanwendungen, die auf die menschlichen Eingaben mit entsprechenden Aktionen reagieren, verdeutlicht werden. Ein Beispiel für die dritte Form, die als steuerbar bezeichnet wird, sind Steuerungen von Werkzeug- und Fördersystemen. Zuletzt wird die Form adaptiv definiert, die sich beispielsweise durch den selbstlernenden Roboter EMILI des Fraunhofer-Instituts für Materialfluss und Logistik IML beschreiben lässt. Um auch eine passive Technik (zum Beispiel Werkzeug) abbilden zu können, wird diesem Ansatz in [24] das Attribut instrumentell hinzugefügt. Hierbei liegt der Ausgangspunkt der Interaktion zwangsläufig beim Menschen. Die Einordnung der betrachteten Interaktion kann in diesem Ansatz nicht trennscharf erfolgen, sodass auch eine Einordnung in mehrere Gestaltungsformen gleichzeitig möglich ist. Für eine klarere Eingrenzung wird der Grad der möglichen Interaktion nach einseitigem und beidseitigem Austausch unterschieden. Dieser Umstand wird bei der Betrachtung einer analogen Anzeige deutlich, da sie dem Menschen eine Information mitteilt, jedoch keine von ihm empfängt.

Interaktionsformen

Basierend auf den Erkenntnissen zur Mensch-Roboter-Interaktion in [26] werden in diesem Klassifikationsansatz die Formen der Interaktion zwischen Mensch und Technik nach Ko-Existenz, Kooperation und Kollaboration übernommen und um Zelle und Synchronisation aus [27] ergänzt. Für diesen Klassifizierungsansatz ist noch eine Unterscheidung nach Aufgabe und Ziel sowie nach der Besetzung des Arbeitsraums zu betrachten. So hat die Interaktion in einer Zelle keine gemeinsame Zielstellung und einen physisch klar abgetrennten Arbeitsraum. Auch in der Ko-Existenz gibt es keine gemeinsame Zielstellung und keinen gemeinsamen Arbeitsraum. Mensch und Technik arbeiten in dieser Klassifikationsstufe jedoch nebeneinander. Bei der Synchronisation und Kooperation gibt es zwischen Mensch und Technik eine gemeinsame übergeordnete Zielstellung und eine klare Aufgabenteilung. Bei der Synchronisation besitzen Mensch und Technik einen gemeinsamen Arbeitsraum, besetzen diesen jedoch nicht gleichzeitig. Bei Kooperation besetzen sie den gleichen Arbeitsraum, arbeiten aber an verschiedenen Produkten. Bei der Kollaboration gibt es eine gemeinsame Zielstellung und Teilaufgabe zwischen Mensch und Technik und sie arbeiten an demselben Produkt im selben Arbeitsraum. Die zuvor dargelegte Klassifizierung wird nun anhand einer Werkzeugmaschine verdeutlicht. Das Rüsten einer Maschine, wobei der Mensch den Arbeitsraum verlässt, bevor die Maschine die Bearbeitung beginnt, kann als Synchronisation verstanden werden. Der Programmierer der Bahnplanung hingegen verfolgt die gleiche Zielstellung wie die Maschine, es läge somit nach Aufgabe und Ziel die Synchronisation vor. Er wird den Arbeitsraum jedoch nicht betreten. Nach Besetzung des Arbeitsraums läge also eine Ko-Existenz vor. Dies verdeutlicht, dass die Zuordnung nicht zwingend eindeutig erfolgt.

Interaktionsrollen

Die Autoren in [26] präsentieren mit der Unterscheidung nach den Rollen des Menschen bei der Interaktion mit Technik einen weiteren Klassifizierungsansatz. In der ersten Stufe nimmt der Mensch die Rolle als Nicht-Beteiligter ein, es findet keine Interaktion statt. Diese Rolle ist vergleichbar mit der Ko-Existenz im vorherigen Abschnitt. In der Rolle des Operateurs bedient oder steuert der Mensch die Technik. Hierbei kann es sich beispielsweise um passive Technik wie einen Winkelschleifer handeln oder eine bereits programmierte Werkzeugmaschine, die lediglich gesteuert wird. In der nächsten Stufe überwacht der Mensch als Supervisor die Technik. Auf das zuvor dargelegte Beispiel der Werkzeugmaschine lässt es sich folgendermaßen übertragen: Als Supervisor überprüft der Mensch lediglich die zuvor eingestellten Prozessparameter, bevor das Bearbeitungsprogramm gestartet wird. Die Interaktionsrollen Kooperateur und Kollaborateur sind mit den Interaktionsformen im vorherigen Abschnitt identisch.

Kommunikationskanal

Von hoher Bedeutung für die Interaktion und die Ausführung von Arbeitsaufgaben ist die Kommunikation zwischen Mensch und Technik. Auch dieser Klassifizierungsansatz basiert auf der MRI-Taxonomie von [26]. Die einzelnen Kommunikationskanäle können von zwei Seiten betrachtet werden – einerseits von Mensch zur Technik und andererseits von der Technik zum Menschen. Der erste Kanal umfasst die mechanische Kommunikation. Diese kann in beide Richtungen funktionieren. Wird durch die Ausführung eines mechanischen Befehls des Menschen (beispielsweise das Drücken eines Knopfes) eine elektronische Übertragung an die Technik ausgelöst (beispielsweise der elektronische Impuls an die Steuerung, das Bearbeitungsprogramm der Werkzeugmaschine zu starten), erfolgt die Kommunikation hingegen elektronisch. Der akustische Kommunikationskanal kann beidseitig bespielt werden. Ein Beispiel für die akustische Interaktion ist die Sprachsteuerung, die sowohl Roboter als auch Assistenzsysteme umfassen kann. Als letzter Kommunikationskanal ist die optische Kommunikation zu nennen. Diese kann auch in beide Kommunikationsrichtungen zur Interaktion genutzt werden und umfasst neben komplexer Gestensteuerung oder Gesichtserkennung auch einfache optische Signale auf einem Display sowie den Aspekt des Visual Servoings, die bildbasierte Steuerung von Manipulatoren.

Beziehung zwischen Mensch und Technik
In [28] präsentiert Rammert mit der Beziehung zwischen Mensch und Technik einen weiteren Klassifizierungsansatz. Die erste Beziehungsstufe der Interaktion wird hier als rein instrumentell beschrieben. Auf dieser Stufe nutzt der Mensch die (passive) Technik als reines Instrument für seine Arbeitsaufgabe. Das eingesetzte Werkzeug, beispielsweise eine Handbohrmaschine oder eine frei stehende Bandsäge, dient dem Menschen demnach lediglich als Mittel zur Zielerfüllung seiner Aufgabe. Handelt es sich um programmierbare Technik (z. B. 3D-Drucker), die nach einer Instruktion des Menschen über eine geeignete Schnittstelle einen Eigenlauf besitzen und ihre Arbeitsaufgabe ohne weitere Anweisungen erledigen, nennt der Autor die Beziehung instruktiv-kommunikativ. Ist die Beziehung interaktiv-kommunikativ, findet zusätzlich ein Dialog zwischen Mensch und Technik statt, bei dem die Technik die Anweisungen des Menschen interpretieren und präzisieren kann. Ein Beispiel hierfür kann ein Fahrerloses Transportsystem darstellen, welches einen eindeutig zugewiesenen Transportauftrag entgegennimmt. Die Route für diesen Auftrag kann jedoch variieren, da sie in Echtzeit auf Basis freier Streckenabschnitte geplant wird.

Art der Umweltwahrnehmung
Die beiden abschließenden Klassifizierungsansätze befassen sich vor allem mit der Interaktion aus Sicht der Technik. Der Klassifizierungsansatz in diesem Abschnitt beschreibt die Wahrnehmung der Umwelt von Technik und ist auf die Arbeit von [29] zurückzuführen. Die automatische Wahrnehmung beschreibt hier Technik, die keine Parameter von außen wahrnimmt, misst oder verändert und somit selbstständig agiert (z. B. eine mechanische Uhr oder ein einfaches Förderband). Technik mit einer kybernetischen Wahrnehmung nimmt dagegen einen oder mehrere Parameter auf und passt ihren eigenen Zustand den neuen Gegebenheiten an (z. B. ein Positionssensor eines FTF, der die Ist-Position misst, sie mit der Soll-Position abgleicht und, falls erforderlich, entsprechende Lenkbewegungen einleitet). Die Regeln für diese Anpassungen werden meist vom Menschen

vorgegeben. Da sich der folgende Klassifizierungsansatz ausschließlich mit autonomen Eigenschaften auseinandersetzt, wird hier die dritte Stufe von autonomer in assimilierende Wahrnehmung geändert. Assimilierende Technik ändert ihre Parameter nicht nur nach den vorher festgelegten Regeln, sondern nimmt auch das Verhalten anderer Akteure auf und ändert ihre Parameter situationsbedingt. Ein Beispiel hierfür sind miteinander inter-agierende FTF oder auch Drohnenschwärme, die, neben dem eigenen Zustand, auch den der sich in der Peripherie befindlichen FTF oder Drohnen wahrnehmen und entsprechen in ihrer Steuerung berücksichtigen können.

Autonome Eigenschaften

Der gesamte Themenkomplex um die Autonomie von Technik ist sehr vielfältig und wird in Wissenschaft und Praxis kontrovers diskutiert. Echte Autonomie ist nur dann gegeben, wenn der Mensch der Technik keinerlei Regeln vorgibt. Da dies im industriellen Kontext derzeit undenkbar ist, werden für diesen Klassifizierungsansatz aus verschiedenen Quellen [28, 30] Eigenschaften von Technik zusammengetragen, anhand derer die Interaktion aufbauend autonomer wird. Reaktive Technik kann in einem angemessenen Zeitfenster reagieren, um beispielsweise eine Kollision mit einem Menschen oder einer anderen Tech-nik zu vermeiden. Neben der physischen Reaktion kann hier auch eine Reaktion über grafische Interfaces gemeint sein. Eine Technik mit relativ autonomen Eigenschaften hat die Kontrolle über ihre eigene Handlung und muss nicht von einem Menschen gesteuert werden. Dies kann beispielsweise ein Assistenzroboter sein, der dem Menschen selbst-ständig durch das Lager folgt. Technik, die die Kommunikation und Interaktion mit wei-teren Akteuren beherrscht, wird als sozial-kompetente Technik bezeichnet. Als Beispiel können hier autonome Drohnen dienen, die sich einerseits im Schwarm organisieren kön-nen (Interaktion) und sich andererseits durch Gesten eines weiteren Akteurs, beispiels-weise eines Menschen, steuern (Kommunikation) lassen. Eine weitere Eigenschaft ist Ler-nen und bezeichnet die Fähigkeit eines Systems, aus der Interaktion mit der Umwelt Rückschlüsse ziehen zu können und sich ihr demnach sukzessive anzupassen. Ein Beispiel hierzu ist der Ansatz des Maschinellen Lernens. Zuletzt wurde die Eigenschaft Charakter definiert. Sie drückt sich dadurch aus, dass die Systeme eine glaubwürdige Persönlichkeit sowie einen emotionalen Status widerspiegeln können. Beispiel hierfür sind humanoide Roboter, die ihren Akteuren durch Gesichtsausdrücke ihren emotionalen Status mitteilen.

5.4 Technologieeinordnung im Klassifizierungsansatz

Der im vorherigen Abschnitt vorgestellte Klassifizierungsansatz wird nun zur Veranschau-lichung in Abb. 5.3 mit zwei verschiedenen Technologien ausgefüllt. Dies geschieht auf einer sehr allgemeinen Ebene, da für eine spezifische Einordnung der Interaktion noch der jeweilige Prozessschritt betrachtet werden muss. Dies wird von den Autoren in [24] aus-führlich besprochen und mit einem exemplarischen Beispiel veranschaulicht. Für dieses Kapitel werden ein smartes Label und das vom Fraunhofer IML entwickelte Transport-

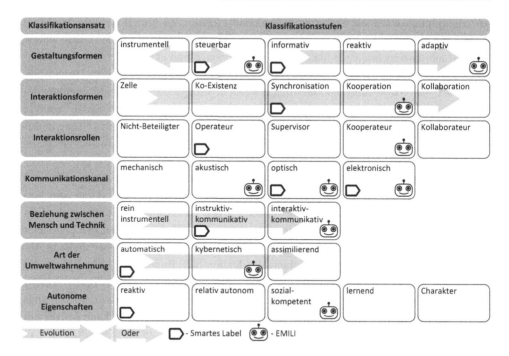

Abb. 5.3 Beispielhafte Einordnung von Technik in den Klassifikationsansatz

fahrzeug EMILI (vgl. [31]) betrachtet und in die jeweiligen Klassifikationsstufen eingeordnet (siehe Abb. 5.3).

Bei den Gestaltungsformen lassen sich sowohl das smarte Label als auch EMILI mit
der Eigenschaft *steuerbar* klassifizieren. Beide Technologien lassen sich durch die Bedienung vom Menschen steuern und lösen damit weitere Prozessschritte aus. Das smarte
Label dient mit seiner Anzeige dem Menschen als rein *informatives* Device, wohingegen
sich EMILI durch verschiedene technologische Möglichkeiten (Display, Hubmechanis-
mus, Steuerung) an den Menschen *adaptiv* anpassen kann. Das smarte Label lässt sich bei
der Interaktionsform in die Stufe der *Synchronisation* einordnen, da der Mensch zur
Informationsaufnahme und ggf. zur Quittierung kurzzeitig den gemeinsamen Arbeitsraum
betritt und eine klare Aufgabenteilung herrscht. EMILI hingegen kann bspw. zur Unterstützung bei der Kommissionierung permanent den gleichen Arbeitsraum mit dem Menschen besetzen und hat eine gemeinsame übergeordnete Zielstellung und eine klare Aufgabenteilung. Dies entspricht der Interaktionsform *Kooperation*. Der Mensch befindet
sich bei der Interaktion mit dem smarten Label in der Rolle des *Operateurs*, da er das
Label bedient. In der Interaktion mit EMILI nimmt der Mensch die Rolle des *Kooperateurs*
ein. Dies ist identisch mit der Einordnung im vorherigen Ansatz.

In Hinblick auf den Kommunikationskanal lässt sich EMILI in drei der vier Klassifikationsstufen einordnen. EMILI kommuniziert mit dem Menschen *akustisch* (z. B. Fahrt-
geräusche oder ein Ton beim Hubvorgang), *optisch* (das Display dient mit verschiedenen

Anzeigemöglichkeiten zur Kommunikation) und *elektronisch* (durch Befehle des Menschen kann ein elektronischer Impuls an die Steuerung abgegeben werden). Das smarte Label kommuniziert hingegen über sein Display *optisch* und *elektronisch* mit dem Menschen. Die Beziehung zwischen Mensch und Technik kann beim smarten Label grundsätzlich als *instruktiv-kommunikativ* klassifiziert werden, da das Label nach der Bedienung des Menschen eigenständig mit den übergeordneten Systemen kommuniziert. EMILI kann in die Stufe *interaktiv-kommunikativ* eingeordnet werden, da es auf die Anweisungen des Menschen reagieren kann. So können beispielsweise die Route und die Arbeitshöhe an die Anforderungen des Menschen angepasst werden.

Die Art der Umweltwahrnehmung eines smarten Labels lässt sich als *automatisch* klassifizieren, da das Label keine äußerlichen Parameter aufnimmt und daran sein Verhalten ändert. Anders ist die Einteilung bei der EMILI-Technologie. Hier erfolgt die Einordnung in die Klassifikationsstufe *kybernetisch*, da diese Technologie äußere Parameter aufnehmen und ihren Zustand daran anpassen kann (Veränderung der Arbeitshöhe in Abhängigkeit von der Größe des Menschen). Im letzten hier aufgeführten Klassifikationsansatz, den autonomen Eigenschaften der MTI, wird das smarte Label als *reaktiv* klassifiziert. Der Mensch löst beispielsweise durch die Quittierung des Kommissioniervorgangs eine grafische Reaktion des Labels aus. Wie bereits mehrfach aufgeführt, kann EMILI mit anderen Akteuren interagieren und kommunizieren. Dies führt zu der Klassifizierung in die Stufe sozial-kompetent.

Literatur

1. S. Wischmann und E. A. Hartmann, „Zukunft der Arbeit in Industrie 4.0 – Szenarien aus Forschungs- und Entwicklungsprojekten", in *Zukunft der Arbeit – Eine praxisnahe Betrachtung*, S. Wischmann und E. A. Hartmann, Hrsg. Berlin, Heidelberg: Springer Berlin Heidelberg, 2018, S. 1–7. https://doi.org/10.1007/978-3-662-49266-6_1.
2. W. Günthner und M. ten Hompel, Hrsg., *Internet der Dinge in der Intralogistik*. Berlin, Heidelberg: Springer Berlin Heidelberg, 2010. https://doi.org/10.1007/978-3-642-04896-8.
3. R. Grzeszick, J. M. Lenk, F. M. Rueda, G. A. Fink, S. Feldhorst, und M. ten Hompel, „Deep Neural Network based Human Activity Recognition for the Order Picking Process", in *Proceedings of the 4th international Workshop on Sensor-based Activity Recognition and Interaction*, Rostock Germany, Sep. 2017, S. 1–6. https://doi.org/10.1145/3134230.3134231.
4. D. Gorecky, M. Schmitt, und M. Loskyll, „Mensch-Maschine-Interaktion im Industrie 4.0-Zeitalter", in *Industrie 4.0 in Produktion, Automatisierung und Logistik*, T. Bauernhansl, M. ten Hompel, und B. Vogel-Heuser, Hrsg. Wiesbaden: Springer Fachmedien Wiesbaden, 2014, S. 525–542. https://doi.org/10.1007/978-3-658-04682-8_26.
5. E. H. Grosse, C. H. Glock, und W. P. Neumann, „Human factors in order picking: a content analysis of the literature", *Int. J. Prod. Res.*, Bd. 55, Nr. 5, S. 1260–1276, März 2017, https://doi.org/10.1080/00207543.2016.1186296.
6. Logistikarbeit in der digitalen Wertschöpfung, H. Hirsch-Kreinsen, und A. Karačić, *Logistikarbeit in der digitalen Wertschöpfung: Perspektiven und Herausforderungen für Arbeit durch technologische Erneuerungen ; Tagungsband zur gleichnamigen Veranstaltung am 5. Oktober*

2017. 2018. Zugegriffen: Sep. 09, 2021. [Online]. Verfügbar unter: http://www.fgw-nrw.de/file-admin/user_upload/I40-Logistikband-web-komplett.pdf

7. H. Böving, E. Glaß, E. Haberzeth, und S. Umbach, „Digitalisierte Arbeit und menschliche Initiative. Empirische Analysen aus Logistik und Einzelhandel", in *Bildung 2.1 für Arbeit 4.0?*, Bd. 6, R. Dobischat, B. Käpplinger, G. Molzberger, und D. Münk, Hrsg. Wiesbaden: Springer Fachmedien Wiesbaden, 2019, S. 141–160. https://doi.org/10.1007/978-3-658-23373-0_8.

8. J. Hofer, „Amazon: Warum der Online-Händler auch künftig Handarbeit braucht", *Handelsblatt*, 2019. https://www.handelsblatt.com/technik/vernetzt/automatisierung-warum-amazon-trotz-100-000-robotern-nicht-auf-handarbeit-verzichten-kann/24236370.html?ticket=ST-3090575-fdyDsbIqlWoPdSBxqOWp-ap4 (zugegriffen Sep. 09, 2021).

9. N. Bose, „Amazon dismisses idea automation will eliminate all its warehouse jobs soon", *Reuters*, 2019. https://www.euronews.com/2019/05/01/amazon-dismisses-idea-automation-will-eliminate-all-its-warehouse-jobs-soon (zugegriffen Sep. 09, 2021).

10. M. Heßler, „Die Halle 54 bei Volkswagen und die Grenzen der Automatisierung. Überlegungen zum Mensch-Maschine-Verhältnis in der industriellen Produktion der 1980er-Jahre", S. 1429 KB, 2014, https://doi.org/10.14765/ZZF.DOK-1495.

11. T. Herrmann, „Learning and Teaching in Socio-technical Environments", in *Informatics and the Digital Society*, Bd. 116, T. J. van Weert und R. K. Munro, Hrsg. Boston, MA: Springer US, 2003, S. 59–71. https://doi.org/10.1007/978-0-387-35663-1_6.

12. E. L. Trist und K. W. Bamforth, „Some social and psychological consequences of the Longwall method of coal-getting", *Hum. Relat.*, Bd. 4, S. 3–38, 1951, https://doi.org/10.1177/001872675100400101.

13. H. Hirsch-Kreinsen und M. ten Hompel, „Digitalisierung industrieller Arbeit: Entwicklungsperspektiven und Gestaltungsansätze", in *Handbuch Industrie 4.0 Bd.3*, B. Vogel-Heuser, T. Bauernhansl, und M. ten Hompel, Hrsg. Berlin, Heidelberg: Springer Berlin Heidelberg, 2017, S. 357–376. https://doi.org/10.1007/978-3-662-53251-5_21.

14. C. W. Clegg, „Sociotechnical principles for system design", *Appl. Ergon.*, Bd. 31, Nr. 5, S. 463–477, Okt. 2000, https://doi.org/10.1016/s0003-6870(00)00009-0.

15. M. ten Hompel, T. Bauernhansl, und B. Vogel-Heuser, Hrsg., *Handbuch Industrie 4.0: Band 3: Logistik*. Berlin, Heidelberg: Springer Berlin Heidelberg, 2020. https://doi.org/10.1007/978-3-662-58530-6.

16. E. Ulich, „Arbeitssysteme als Soziotechnische Systeme – eine Erinnerung", S. 9.

17. I. Maucher, H. Paul, und C. Rudlof, „Modellierung in Soziotechnischen Systemen", S. 10.

18. G. Ropohl, *Allgemeine Technologie: eine Systemtheorie der Technik*. KIT Scientific Publishing, 2009. https://doi.org/10.5445/KSP/1000011529.

19. H. Hirsch-Kreinsen *u. a.*, „,Social Manufacturing and Logistics' – Arbeit in der digitalisierten Produktion", in *Zukunft der Arbeit – Eine praxisnahe Betrachtung*, S. Wischmann und E. A. Hartmann, Hrsg. Berlin, Heidelberg: Springer Berlin Heidelberg, 2018, S. 175–194. https://doi.org/10.1007/978-3-662-49266-6_13.

20. I. Schulz-Schaeffer, „Technik und Handeln. Eine handlungstheoretische Analyse", in *Berliner Schlüssel zur Techniksoziologie*, C. Schubert und I. Schulz-Schaeffer, Hrsg. Wiesbaden: Springer Fachmedien Wiesbaden, 2019, S. 9–40. https://doi.org/10.1007/978-3-658-22257-4_2.

21. J. Jost und T. Kirks, „Herausforderungen der Mensch-Technik-Interaktion in der Intralogistik", 2017, https://doi.org/10.24406/IML-N-462114.

22. G. Johannsen, „Aufgabensituationen in Mensch-Maschine-Systemen", in *Mensch-Maschine-Systeme*, G. Johannsen, Hrsg. Berlin, Heidelberg: Springer, 1993, S. 65–106. https://doi.org/10.1007/978-3-642-46785-1_3.

23. G. Grote, „Gestaltungsansätze für das komplementäre Zusammenwirken von Mensch und Technik in Industrie 4.0", in *Digitalisierung industrieller Arbeit*, H. Hirsch-Kreinsen, P. Ittermann,

und J. Niehaus, Hrsg. Nomos Verlagsgesellschaft mbH & Co. KG, 2018, S. 215–232. https://doi. org/10.5771/9783845283340-214.

24. S. Kinne, J. Jost, A. Terharen, F. Feldmann, M. Fiolka, und T. Kirks, „Process Development for CPS Design and Integration in I4.0 Systems with Humans", in *Digital Supply Chains and the Human Factor*, M. Klumpp und C. Ruiner, Hrsg. Cham: Springer International Publishing, 2021, S. 17–32. https://doi.org/10.1007/978-3-030-58430-6_2.

25. J. Jost und T. Kirks, „Herausforderungen der Mensch-Technik-Interaktion in der Intralogistik", Fraunhofer IML, Dortmund, 2017.

26. L. Onnasch, X. Maier, und T. Jürgensohn, „Mensch-Roboter-Interaktion – Eine Taxonomie für alle Anwendungsfälle", 2016, https://doi.org/10.21934/BAUA:FOKUS20160630.

27. Manfred Bender, Martin Braun, Peter Rally, und Oliver Scholtz, „Leichtbauroboter in der manuellen Montage -- Einfach einfach anfangen", Fraunhofer Institut für Arbeitswirtschaft und Organisation (IAO), Stuttgart, 2016. [Online]. Verfügbar unter: https://www.produktionsmanagement. iao.fraunhofer.de/content/dam/produktionsmanagement/de/documents/LBR/Studie-Leichtbauroboter-Fraunhofer-IAO-2016.pdf

28. W. Rammert, „Technik in Aktion: verteiltes Handeln in soziotechnischen Konstellationen.", Technische Universität Berlin, Fak. VI Planen, Bauen, Umwelt, Institut für Soziologie Fachgebiet Techniksoziologie, Berlin, 2003.

29. T. Smithers, „Autonomy in Robots and Other Agents", *Brain Cogn.*, Bd. 34, Nr. 1, S. 88–106, Juni 1997, https://doi.org/10.1006/brcg.1997.0908.

30. M. Wooldridge und N. R. Jennings, „Intelligent agents: theory and practice", *Knowl. Eng. Rev.*, Bd. 10, Nr. 2, S. 115–152, Juni 1995, https://doi.org/10.1017/S0269888900008122.

31. T. Kirks und J. Jost, „Mensch-Technik-Interaktion in Industrie-4.0-Umgebungen am Beispiel von EMILI", in *Handbuch Industrie 4.0: Band 3: Logistik*, M. ten Hompel, T. Bauernhansl, und B. Vogel-Heuser, Hrsg. Berlin, Heidelberg: Springer, 2020, S. 529–539. https://doi.org/10. 1007/978-3-662-58530-6_98.

Logistische Plattformökonomie und Silicon Economy

6

Jérôme Rutinowski und Larissa Krämer

6.1 Einführung

In der Gegenwart dominieren heterogene Insellösungen die IT-Landschaft der deutschen und internationalen Industrieunternehmen. Aus Angst vor dem Verlust wirtschaftlicher und intellektueller Vorteile kommunizieren konkurrierende Unternehmen wenig miteinander. Andererseits führt die kontinuierliche Einführung und Entwicklung von auf Künstlicher Intelligenz (KI) basierten Lösungsansätzen und dem Open-Source-Gedanken in einigen Teilen der Industrie bereits zur Nutzung von Synergieeffekten durch eine höhere Transparenz sowie Automatisierung von Industrieprozessen. Dabei gibt es auch erste Vorstöße, durch diese Neuerungen etablierte Unternehmensstrukturen und -prozesse umzuwälzen.

Bisherige Ansätze einer Digitalisierung spiegeln sich vor allem in der Renaissance zunehmend dienstleistungsorientierter Geschäftsmodelle wider. So erfreuen sich beispielsweise Software-as-a-Service-Modelle großer Beliebtheit und verändern die Industrie nachhaltig. Diese Ansätze alleine vermögen es allerdings nicht, den gegenwärtigen Zustand der Unternehmenslandschaft umzuwälzen.

Um den nächsten Schritt der Digitalisierung zu beschreiten, bedarf es jedoch eines Paradigmenwechsels zu einer föderalen Plattformökonomie – einer Silicon Economy. Diese Form der dezentralen Plattformökonomie kann die oligopolistischen Systeme

J. Rutinowski (✉)
Technische Universität Dortmund, Dortmund, Deutschland
E-Mail: jerome.rutinowski@tu-dortmund.de

L. Krämer
Technische Universität Dortmund, Dortmund, Deutschland
E-Mail: larissa.kraemer@tu-dortmund.de

M. ten Hompel (Hrsg.), *IT und autonome Systeme in der Logistik*, Fachwissen Logistik,
https://doi.org/10.1007/978-3-662-66939-6_6

der Gegenwart ablösen und als Plattform für Commodity Services dienen, deren Verhandlungs-, Abrechnungs- und Umsetzungsprozesse dank des Einsatzes moderner KI-Lösungen autonom stattfinden ürden. [1].

Die Silicon Economy steht somit für eine föderale, dezentrale und digitale Infrastruktur, in der flexible Wertschöpfungsprozesse automatisiert stattfinden und neue, vorwiegend digitale Geschäftsmodelle ermöglicht werden. Zur erfolgreichen Umsetzung dieser Vision bedarf es eines offenen und souveränen Umgangs mit großen, vormals nicht öffentlichen Datenmengen, der wiederum neue Kooperationsformen ermöglicht [1].

Letztlich gilt es, die Komponenten einer solchen föderalen Plattformökonomie, die konzeptionell auf die Industrie ausgerichtet ist, in ebendieser zu erproben. Die Logistikbranche ist dabei besonders gut als Vorreiter geeignet, da sie hochgradig deterministisch, standardisiert und beschreibbar ist. Es kann deshalb anhand der Logistik überprüft werden, ob eine industrielle Nutzung des respektiven Novums umsetzbar ist [2].

Aus dieser Integration entsteht eine hochfrequente und virtualisierte Logistik, die auf einer umfangreichen Datenökonomie beruht (s. Abb. 6.1). In eine digitalisierte Umgebung eingebundene Cyberphysische Systeme (CPS) wie intelligente Paletten, Füllstandsensoren oder Kameras stellen die Daten zur Verfügung, die für die Anwendung von KI-Algorithmen benötigt werden. Im Mittelpunkt der Daten- und Plattformökonomie stehen die International Data Spaces (IDS), sichere und offene Datenräume, die die Grundlage für die Silicon Economy schaffen. Über die IDS sind verschiedene Broker eingebunden, die beispielsweise IoT-Geräte verwalten oder das Supply Chain Management integrieren. Diese Broker liefern über die IDS die Basis für plattformbasierte Geschäftsmodelle und eine digitale Plattformökonomie [1, 2].

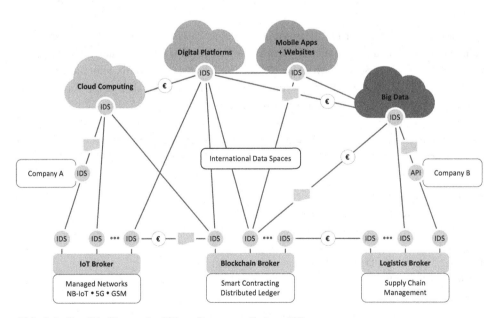

Abb. 6.1 Das *Big Picture* der Silicon Economy. (I. A. a. [1])

6.2   Enabler der Silicon Economy

Zur Umsetzung der im vorangegangenen Abschnitt beschriebenen Vision bedarf es einiger Schlüsselkomponenten, die als Enabler föderaler Plattformen verstanden werden können. Diese teils konzeptionellen, teils technischen Komponenten bedienen und gestalten die Grundfunktionalitäten einer föderalen Plattformökonomie sowie die Möglichkeiten ihrer diversen Akteure und Stakeholder. Einige dieser Komponenten sind im *Big Picture* in Abb. 6.1 dargestellt.

6.2.1   Open Source

Das Open-Source-Konzept beschreibt öffentlich zugänglichen Quellcode, der verwendet, adaptiert und anschließend weiterverbreitet werden darf. Dieser Denkansatz gilt inzwischen im übertragenen Sinne auch im Kontext der Open Data, also der freien Zugänglichkeit von Daten, die ebenfalls adaptiert und für eigene Zwecke verwendet werden können. Dieser übergreifenden Philosophie des freien Austauschs liegt die Hoffnung zugrunde, dass die einfache Zugänglichkeit von Quellcode oder Daten zu einer Beschleunigung von Innovation und Fortschritt führt. Angesichts der Vielzahl von positiven Beispielen, insbesondere der Linux-Kernel, spricht viel dafür, dass es sich hierbei um eine begründete Hoffnung handelt [3].

   Im Kontext der Silicon Economy ist der Open-Source-Ansatz nicht nur von Vorteil, sondern von größter Notwendigkeit, da ein effizienter und autonomer Ablauf der Prozesse innerhalb einer Plattformökonomie vom freien Datenaustausch abhängig ist. Zusätzlich können durch die Zugänglichkeit vormals vertraulicher Daten und Quellcodes Synergien entstehen, die weitere Innovationen und Verbesserungen bestehender Strukturen mit sich bringen. Der Erfolg dieses Ansatzes ist dabei abhängig von der Bereitschaft der Unternehmen, diesen Paradigmenwechsel zu akzeptieren und aktiv mitzugestalten.

6.2.2   Künstliche Intelligenz

KI-Algorithmen benötigen in der Regel umfangreiche Datensätze, seien es beispielsweise Zeitreihen, Videodaten oder relationale Datenbankeinträge, um erwartungsgemäß zu funktionieren. Da große Datenmengen inzwischen verfügbarer sind, als sie es einst waren, und wegweisende Neuerungen seitens der Entwicklung diverser Algorithmen stattgefunden haben [4, 5], bietet sich die Nutzung von Künstlicher Intelligenz mehr denn je an. Im Kontext einer Silicon Economy ist der Einsatz von Künstlicher Intelligenz daher nicht nur sinnvoll, sondern auch von höchster Relevanz für die zielführende Datenverarbeitung im Kontext einer Plattformökonomie.

6.2.3 Cloud Computing

In der heutigen Zeit sind diverse Geschäftsbereiche auf die Analyse großer Datenmengen angewiesen, um etwa das Verhalten oder die Zufriedenheit ihrer Nutzer bestimmen zu können. Basierend auf der Auswertung ebendieser Daten fällen Unternehmen weitreichende Entscheidungen. Auch im Kontext datengetriebener Geschäftsmodelle und einiger KI-Anwendungen ist die Nutzung und Verarbeitung großer Datenmengen von höchster Relevanz. Der mangelnde Zugang zu großen Speichermedien und performanten Prozessoren und Grafikkarten stellte in diesem Zusammenhang lange Zeit einen Flaschenhals dar. Das Cloud Computing jedoch ermöglicht die On-Demand-Nutzung von und den simultanen Zugriff auf externe Rechenleistung und externen Speicherplatz. Der Zugang zu enormen Speicherkapazitäten und leistungsfähigen Rechnern von überall erweitert somit die Handlungsspielräume der Teilnehmer der Silicon Economy deutlich.

6.2.4 International Data Spaces (IDS)

In einer Silicon Economy ist die Verbindung der Nutzer und ihrer respektiven Daten von höchster Priorität. Diese Aufgabe erfüllen die International Data Spaces. Sie ermöglichen es, die Datensouveränität aufrechtzuerhalten, ohne das Open-Source-Konzept an seiner Synergieschaffung zu hindern. Die Umsetzung dessen basiert hierbei auf Distributed-Ledger-Technologien, die einen sicheren, nachverfolgbaren und integren Datenaustausch gewährleisten. Somit wird der Raum für die Schaffung der Geschäftsmodelle der Zukunft eröffnet [6, 7].

6.2.5 Broker in der Silicon Economy

IoT Broker:
In der Silicon Economy kommunizieren diverse cyberphysische Systeme (CPS) wie intelligente Behälter oder Paletten beispielsweise über 5G-Technologie miteinander. Sie sind über eine Zwischenschicht, die IoT Broker, in die IDS eingebunden. Ein solcher IoT Broker kapselt IoT-Geräte, ihre Low-Level-Protokolle und deren Nachrichten in offenen Standards und Datenformaten und leitet sie an ein ausgewähltes Ziel wie die IDS weiter. Sein modularer Aufbau ermöglicht die Entwicklung von spezifischen Adaptern, die auf die jeweiligen Sender und Empfänger zugeschnitten sind. Mittels Device-Adaptern können verschiedene Gerätetypen angebunden werden, während Cloud-Adapter die Anbindung von IoT-Cloud-Umgebungen ermöglichen. Über den IDS-Connector können die Daten in den IDS anderen Unternehmen zur Verfügung gestellt werden, während der Blockchain-Connector die Anbindung des IoT Brokers an den Blockchain Broker ermöglicht.

Blockchain Broker:

Mit diesen Brokern wird die Blockchain-Technologie in die Silicon Economy integriert, mit deren Hilfe Verträge (Smart Contracts) geschlossen werden können. Da sie die transparente und dezentrale Speicherung von Transaktionen erlauben und damit die Rückverfolgbarkeit von Leistungserbringungen in Wertschöpfungsnetzwerken ermöglichen, wird ihnen in der Silicon Economy eine zentrale Rolle zuteil. Über den Blockchain Broker werden zudem Micropayments abgewickelt, die exakte Pay-per-Use-Geschäftsmodelle ermöglichen. Smart Contracts erlauben außerdem automatisierte Verhandlungen mit anderen Netzwerkteilnehmern wie Fahrerlosen Transportsystemen oder intelligenten Behältern.

Logistics Broker:

Die Logistics Broker übernehmen im Wertschöpfungsnetz logistische Funktionen und organisieren Dienste und ihre Abwicklungen unter Integration von Logistikdienstleistern und Verladern. Sie verbinden Dienste verschiedener Plattformen in der Silicon Economy und bringen Kunden und Logistikdienstleister zusammen. Zu typischen Beispielen zählen Fourth Party Logistics Provider (4PL) und Plattformen für Transportdienstleistungen oder On-Demand Warehousing.

6.3 Geschäftsmodelle in der Silicon Economy

In der Silicon Economy fokussieren sich die Logistics Broker auf unternehmensübergreifende B2B-Geschäftsmodelle. Heute hingegen handelt es sich bei B2B-Plattformen meist um Projekte einzelner großer Logistikdienstleister und Automobilhersteller, die die Alleinstellungsmerkmale einer solchen Plattform für sich nutzen. Weiter verbreitet sind B2C- und C2C-Geschäftsmodelle, die auf digitalen Plattformen basieren. Viele dieser Geschäftsmodelle teilen die Vision der Sharing Economy, in der Ressourcen von mehreren Beteiligten gemeinsam genutzt und so nachhaltig eingesetzt werden. Nur in Zusammenarbeit mit konkurrierenden Unternehmen kann die benötigte Infrastruktur entwickelt werden, um diesen bevorstehenden Wandel auch im B2B-Bereich umzusetzen. Dieser ermöglicht Unternehmen dynamische Reaktionen auf Marktveränderungen ohne langfristige Investitionen und bietet das Potenzial, Kosten zu senken und nachhaltiger zu agieren. Dennoch gelten die Einwilligung und Akzeptanz zur Kooperation mit Konkurrenten aktuell noch als große Herausforderung. Zudem lassen sich aufgrund der hohen Innovationskraft und Entwicklungsgeschwindigkeit aus bisherigen Geschäftsmodellen nur eingeschränkt Rückschlüsse auf neuartige Modelle der Industrie 4.0 ziehen, sodass der detaillierte Ausblick auf zukünftige Geschäftsmodelle in der Silicon Economy eine Herausforderung darstellt [1, 8].

Dennoch existieren Ausprägungen und Merkmale, an denen sich Unternehmen für die Entwicklung ihrer individuellen Lösung orientieren können.

6.3.1 Erfolgsmerkmale neuer Geschäftsmodelle

Die Orientierung an kurzfristigen und individuellen Kundenwünschen ist ausschlaggebend für den Erfolg neuartiger Geschäftsmodelle. Zudem wird auch bei der Preisfindung eine situationsbezogene Reaktion auf Wettbewerber und Kunden immer mehr an Bedeutung gewinnen. Komplexere und vielschichtigere Beteiligungsstrukturen an Projekten bieten das Potenzial, Synergieeffekte zu nutzen, können sich aber auch als Risiko erweisen. Unternehmen werden hinsichtlich ihrer Kooperationsbereitschaft breiter aufgestellt sein müssen, um in einer Silicon Economy zu bestehen. Das Internet wird der Knotenpunkt jeder Kommunikation werden und dient in der Silicon Economy als Business Web für Unternehmen. Dennoch stellt das wohl wichtigste Merkmal die Sharing Economy dar. Dies kann im Gegensatz zu den anderen Merkmalen als Mindset aufgefasst werden. Der Verzicht auf Eigentum zugunsten des Erwerbs von Nutzungsrechten kennzeichnet die Ökonomie des Teilens. „Teilen statt Haben" oder „Nutzen statt Besitzen" sind die Schlagwörter der Sharing Economy [9, 10].

6.3.2 Plattformbasierte Geschäftsmodelle

Unabhängig von dieser Ökonomie des Teilens basieren in der heutigen Zeit viele weltweit erfolgreiche Unternehmen (Amazon, eBay, Uber, Airbnb etc.) auf einer digitalen Plattformökonomie. Abb. 6.2 gibt einen Überblick über die verschiedenen Ausprägungsmerkmale digitaler Plattformen.

Zunächst lassen sich hierbei nicht-technologische und technologische digitale Plattformansätze unterscheiden. Bei nicht-technologischen Plattformen handelt es sich um eine Art Drittpartei, die den gesamten Transaktionsprozess in jeglicher Hinsicht vereinfachen soll. Hingegen stellen technologische Plattformen die Codebasis dar, die erweiterbar ist und zudem von mehreren Beteiligten gemeinsam genutzt und bearbeitet werden kann [8].

Eine weitere Unterscheidung der digitalen Plattformansätze kann über die Anzahl der unterschiedlichen Nutzergruppen erfolgen. Hierbei wird zwischen einseitigen, zweiseitigen und mehrseitigen Plattformen unterschieden. Im weiteren Entwicklungsverlauf können sich die einseitigen und zweiseitigen Plattformen durch Ergänzung weiterer Akteure in mehrseitige Plattformen entwickeln. Während einseitige Plattformen sich nur auf eine Kundengruppe beziehen, werden bei voll entwickelten Plattformen viele Kunden auf

Abb. 6.2 Ausprägungen
digitaler Plattformen und
Geschäftsmodelle

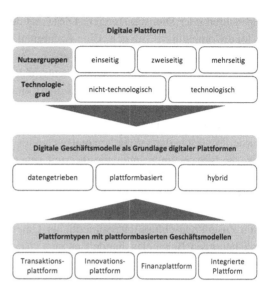

einer Plattform integriert. Ein Beispiel hierfür ist die Einbindung weiterer Entwickler oder Werbetreibender [8].

Dem Aufbau und Betrieb einer digitalen Plattform liegt ein plattformspezifisches Geschäftsmodell zugrunde, das kontinuierlich geprüft und weiterentwickelt wird. Die Schwerpunkte eines solchen Geschäftsmodells können dabei unterschiedlich gesetzt werden. Möller et al. unterscheiden zwischen drei digitalen Geschäftsmodellen [11]: Die Basis bilden die datengetriebenen Geschäftsmodelle, die Wert aus Daten als Ressource generiert. Sie liegen beispielsweise IoT-Tracking-Devices oder KI-Services zugrunde, aber auch die meisten digitalen Plattformen selbst generieren Daten. Auf der anderen Seite gibt es plattformbasierte Geschäftsmodelle, die im Gegensatz zu den datengetriebenen Modellen auf der Vermittlung von Angebot und Nachfrage basieren. Weiterhin bestehen auch Hybridform der beiden genannten Ausprägungen, sogenannte Daten-Plattform-Geschäftsmodelle. Diese sind zum Beispiel Marktplätze, auf denen Daten als Handelsgut dienen [8].

Im Fokus der Silicon Economy stehen neben den datengetriebenen Geschäftsmodellen insbesondere die plattformbasierten Geschäftsmodelle, die diverse Einsatzbereiche umfassen. Evans und Gawer differenzieren dabei zwischen vier Plattformen [12]: der Transaktions-, der Innovations-, der Finanz- sowie der integrierten Plattform.

Transaktionsplattformen bringen Akteure mit Angebot und Nachfrage zusammen und bieten die Infrastruktur für deren Transaktionen. Bekannte Beispiele im B2C- oder C2C-Bereich sind Uber oder Ebay, aber auch im B2B-Bereich in der Logistik zeigen sich zunehmend Börsen für den Transport oder für Lagerflächen. Innovationsplattformen bieten hingegen die technologische Basis für Eigenentwicklungen der Akteure hinsichtlich

Produkten oder Dienstleistungen. Diese Art der Plattform findet sich beispielsweise bei Cloud-Computing-Lösungen. Eine Kombination aus Transaktions- und Innovationsplattform bildet die integrierte Plattform ab, die sowohl die Infrastruktur für Transaktionen als auch die Basis für Weiter- und Eigenentwicklungen bereitstellt. Die Investmentplattform bündelt Unternehmen, die diese drei plattformbasierten Geschäftsmodelle verwenden, in ihrer Portfoliostrategie.

Attraktiv sind die beschriebenen Ausprägungen digitaler Plattformen und plattformbasierter Geschäftsmodelle beispielsweise für Dienstleistungsunternehmen in der Logistik, die hieraus einen Innovationsvorteil generieren. Einzelnen Unternehmen gelingt die Umsetzung im B2B-Bereich bereits. Sie zeichnen sich dadurch aus, dass sie eine Vielzahl an Services von Softwarelösungen zur Datenanalyse bis hin zur beruflichen Weiterbildung anbieten. Zudem bestehen bereits etablierte Kooperationsplattformen, welche auch durch den Zusammenschluss unterschiedlicher Unternehmen entstehen können. Bei den schon existierenden Beispielen handelt es sich meist um Plattformen mit den Ausprägungen technologisch und mehrseitig. Das zugrunde liegende Geschäftsmodell ist häufig ein Datenplattform-Geschäftsmodell. Im Bereich der Logistikdienstleistungen haben sich einige Unternehmen auf die Sharing Economy spezialisiert. Sie verbinden beispielsweise große Netzwerke von Lager- und Transportdienstleistern über eine Logistikplattform. Unternehmen haben so die Möglichkeit, Lagerplätze zu mieten und lange Anlaufzeiten zu umgehen. Innerhalb weniger Wochen können Lagerkapazitäten genutzt und flexibel angepasst werden. Solche Modelle sind, im Gegensatz zu den Kooperationsplattformen, meist als nicht-technologische und mehrseitige Plattform aufzufassen. Zusätzlich liegt vermehrt ein Plattformgeschäftsmodell vor [13].

Trotz einiger Unternehmen, die aufzeigen, wie eine gute Umsetzung aussehen kann, verläuft die Entwicklung in Richtung B2B-Geschäftsmodelle sehr schleppend. Gründe hierfür sind variierende Initialkosten, die bei einer Umstellung und Umstrukturierung der eigenen Geschäftsmodelle anfallen, und die Problematik der nicht vorhandenen Universallösung für jedes Unternehmen. Zudem stellt die Dringlichkeit der Finanzierungsklärung ein Hindernis dar. Einhergehend sind die Aspekte Verlässlichkeit, Risiko, Haftung und der Schutz von geistigem Eigentum und Wissen [10].

6.4   Herausforderungen auf dem Weg zur Silicon Economy

Abschließend stellt sich die Frage, was die größten Herausforderungen in der Umsetzung der in diesem Abschnitt beschriebenen Visionen sind [1]. Einige dieser Herausforderungen sind technischer, andere eher organisatorischer Natur. Als technische Herausforderung können beispielsweise die bereits existierenden und deshalb größtenteils heterogenen IT-Systemlandschaften deutscher und internationaler Unternehmen betrachtet werden. Diese müssten zur Gewährleistung eines ausreichenden Grads an Kompatibilität und offener Informationsflüsse vereinheitlicht werden. Auf organisationaler Ebene stellen finanzielle und personelle Ressourcenknappheiten in Anbetracht der Größenordnung des Vorhabens eine beachtliche Herausforderung dar. Weiterhin bedarf es der Entwicklung einer

Bereitschaft der Stakeholder, neue Wege zu beschreiten, etwa beim offenen Umgang mit vormals streng unter Verschluss gehaltenen Daten im Sinne des Open-Source-Ansatzes. Zur gelungenen Umsetzung einer funktionalen Plattformökonomie müssen dementsprechend frühzeitig unterschiedliche Problemdimensionen, wie die Organisation und das Management, aber auch die technologischen Grundlagen, betrachtet und anschließend anwendbare Lösungsvorschläge erarbeitet werden. Die Analyse der Hürden, die es zu überwinden gilt, hat schon stattgefunden, und mögliche Lösungswege wurden bereits eingeschlagen. Nun gilt es, in den kommenden Jahren die Silicon Economy Realität werden zu lassen.

Literatur

1. ten Hompel, M., Henke, M.: Silicon Economy – Es geht um alles. In: Michael ten Hompel, Michael Henke, Boris Otto (Hrsg.): Silicon Economy – Wie digitale Plattformen industrielle Wertschöpfungsnetzwerke global verändern. Berlin, Heidelberg: Springer Berlin Heidelberg (2021)
2. ten Hompel, M., Henke, M. (2020): Logistik 4.0 in der Silicon Economy. In: Michael ten Hompel, Thomas Bauernhansl und Birgit Vogel-Heuser (Hrsg.): Handbuch Industrie 4.0, Berlin, S. 3–9. Heidelberg: Springer Berlin Heidelberg (2020)
3. Schmidt, M., Nettsträter, A., Culotta, C., Duparc, E.: Die Rolle von Open Source in der Silicon Economy. In: Michael ten Hompel, Michael Henke, Boris Otto (Hrsg.): Silicon Economy – Wie digitale Plattformen industrielle Wertschöpfungsnetzwerke global verändern. Berlin, Heidelberg: Springer Berlin Heidelberg (2021)
4. Deng, J., Dong, W., Socher, R., Li, L., Li, K. and Fei-Fei, F.: ImageNet: A large-scale hierarchical image database. *2009 IEEE Conference on Computer Vision and Pattern Recognition*, S. 248–255 (2009). https://doi.org/10.1109/CVPR.2009.5206848
5. Krizhevsky, A., Sutskever, I., Hinton, G. E.: Imagenet classification with deep convolutional neural networks, 2012 Advances in neural information processing system, Volume 25, S. 1097–1105 (2012)
6. DIN (2020): DIN SPEC 27070:2020-03: Requirements and reference architecture of a security gateway for the exchange of industry data and services. Berlin, Germany: Beuth Verlag GmbH.
7. Otto, B., Steinbuß, S., Teuscher, A., Lohmann, S.: IDS Reference Architecture Model: Version 3.0. Hrsg. v. International Data Spaces Association (2019).
8. Culotta, C., Duparc, E., Möller, F.: Digitale Plattformen und Ökosystemstrategien. In: Michael ten Hompel, Michael Henke, Boris Otto (Hrsg.): Silicon Economy – Wie digitale Plattformen industrielle Wertschöpfungsnetzwerke global verändern. Berlin, Heidelberg: Springer Berlin Heidelberg (2021)
9. Theurl, T., Haucap, J., Demary, V., Priddat, B. P., Paech, N.: Ökonomie des Teilens – nachhaltig und innovativ? In: Wirtschaftsdienst 95 (2), S. 87–105 (2015). https://doi.org/10.1007/s10273-015-1785-z.
10. Henke, M., Hegmanns, T.: Geschäftsmodelle für die Logistik 4.0. Herausforderungen und Handlungsfelder einer grundlegenden Transformation. In: Michael ten Hompel, Thomas Bauernhansl und Birgit Vogel-Heuser (Hrsg.): Handbuch Industrie 4.0, S. 543–553. Berlin, Heidelberg: Springer Berlin Heidelberg (2020)
11. Möller, F., Guggenberger, T. M., Otto, B.: Design Principles for Route Optimization Business Models: A Grounded Theory Study of User Feedback. In: Norbert Gronau, Moreen Heine, K. Poustcchi und H. Krasnova (Hrsg.): WI2020 Zentrale Tracks, S. 1084–1099. GITO Verlag (2020)

12. Evans, P., Gawer, A.: The Rise of the Platform Enterprise. A Global Survey. Hrsg. v. The Center for Global Enterprise (2016).
13. Asadullah, A., Faik, I., Kankanhalli, A.: Digital Platforms: A Review and Future Directions. In: Proceedings of the 22nd Pacific Asia Conference on Information Systems. Yokohama: Japan (2018)

Printed in the United States
by Baker & Taylor Publisher Services